工控技术精品丛书

PLC 控制程序精编 108 例
（修订版）

王阿根　编著

电子工业出版社·

Publishing House of Electronics Industry

北京·BEIJING

内 容 简 介

本书采用三菱 FX$_{2N}$ 型可编程控制器为蓝本，书中精选的 108 个编程实例，均是从笔者长年潜心研究、反复推敲的实例中精心挑选出来的，有很强的实用价值。实例设计时尽量考虑短小精悍，突出重点，每个编程实例都给出了较为详细的编程说明，以便于理解。细心阅读定可体验出其中的编程技巧和精妙之处。本书结合《电气可编程控制原理与应用》一书的基本内容进行编程，建议参考该书进行阅读。

本书适用于有一定可编程控制器基础知识的读者，可供相关机电工程技术人员参考，也可作为高等院校的自动化、电气工程及其自动化、机械工程及其自动化、电子工程自动化、机电一体化等相关专业的本科、专科院校师生的参考书。

图书在版编目（CIP）数据

PLC 控制程序精编 108 例 / 王阿根编著. —修订本. —北京：电子工业出版社，2015.1
（工控技术精品丛书）
ISBN 978-7-121-25106-1

Ⅰ. ①P… Ⅱ. ① 王… Ⅲ. ①plc 技术 Ⅳ. ①TM571.6

中国版本图书馆 CIP 数据核字（2014）第 292675 号

策划编辑：陈韦凯
责任编辑：陈韦凯
印　　刷：北京虎彩文化传播有限公司
装　　订：北京虎彩文化传播有限公司
出版发行：电子工业出版社
　　　　　北京市海淀区万寿路 173 信箱　邮编　100036
开　　本：787×1 092　1/16　印张：18　字数：460 千字
版　　次：2009 年 12 月第 1 版
　　　　　2015 年 1 月第 2 版
印　　次：2020 年 7 月第 12 次印刷
定　　价：45.00 元

凡所购买电子工业出版社图书有缺损问题，请向购买书店调换。若书店售缺，请与本社发行部联系，联系及邮购电话：（010）88254888，88258888。

质量投诉请发邮件至 zlts@phei.com.cn，盗版侵权举报请发邮件至 dbqq@phei.com.cn。

本书咨询联系方式：chenwk@phei.com.cn，（010）88254441。

前　言

随着可编程控制器在各行各业的广泛应用，各种有关可编程控制器的书籍大量涌现，但是不少人在看了很多书之后，在真正进行编程的时候往往还是束手无策，不知从何下手，其原因是什么呢？那就是缺少一定数量的练习。如果只靠自己苦思冥想，则结果往往收效甚微，而学习和借鉴别人的编程方法不乏是一条学习的捷径。本人编写这本书的目的就是在读者已经掌握可编程控制器基础知识的前提条件下，为读者提供一个快速掌握 PLC 编程方法的学习捷径。

笔者于 2009 年 12 月出版了《PLC 控制程序精编 108 例》一书，深受读者欢迎，多次重印。在过去的 5 年中，收到了一些读者的反馈意见，同时笔者也多次仔细重新审阅原书，发现了不少差错之处，在此修订版中一一更正，同时也增加了一种编程软件的介绍，应出版社邀请推出了原书的修订版。

本书主要是结合《电气可编程控制原理与应用》一书的内容进行编写的。由于这本书的编写思路与众不同，所以在学习书中的编程实例时，如有不清楚的地方可参阅《电气可编程控制原理与应用》。书中实例一般不给出指令表，个别实例给出指令表是因为考虑到有些读者在没有《电气可编程控制原理与应用》一书的情况下也便于理解实例。

为了突出编程的重点，编程实例中在尽量保证实例完整的前提下，省略部分枝节电路，例如，简单的电动机主电路，PLC 的电源接线，控制电路的保护以及信号部分等。在未加说明的情况下，输入接点默认为常开接点。请读者在实际应用中加以注意。

编程方法和编程技巧是本书的核心内容，用实例来展示编程方法和编程技巧是本书的特点。一般可编程控制器可分为三大类指令：基本指令、步进指令和功能指令。考虑到一般书中基本指令介绍得比较多，功能指令介绍得比较少，所以在本书中加大了功能指令编程实例的介绍，以提高读者用功能指令编程的方法和技巧。

为了便于读者自学，本书尽量做到难易结合，每个实例都给出编程实例的说明，以提高读者的理解能力。由于任何一个编程实例的编程方法都不是唯一的，为了对比基本指令、步进指令和功能指令的编程特点，在有些例子中给出了几种不同的编程方法，以帮助读者比较不同指令的编程特点。

本书主要由王阿根编写，参与编写、修订工作的还有王晰、宋玲玲、胡顺华、吴冬春、陆广平、李杜、秦生升、姚志树、吴帆、李爱琴。书中的实例均为笔者多年潜心研究的结果，大多数实例都经过实际应用或在仿真软件中经过验证，但是难免还有疏漏之处，如有发现，敬请读者发邮件到 wangagen@126.com 与笔者联系，笔者表示由衷的感谢。

王阿根

2014 年 11 月

目　　录

可编程控制器（PLC）使用范围十分广泛，往往涉及许多相关的电气知识和其他专业控制领域的相关知识，要想较好地掌握可编程控制器的使用和设计，至少要具备一定的相关基础知识，如电工学（含电工基础、电机学、电气控制），电子学（含数字电路、模拟电路），计算机基础等。本书适合已基本掌握可编程控制器的读者，也可供正在学习可编程控制器过程中的读者学习。

可编程控制器在电气控制系统中，主要根据控制梯形图进行开关量的逻辑运算，根据运算结果进行开关量的输出控制。如果和特殊模块连接，也可以进行模拟量的输入/输出控制。可编程控制器的设计主要分为控制梯形图设计、可编程控制器的输入/输出接线设计以及主电路的设计等，其中控制梯形图的设计是整个设计的核心部分。由于控制梯形图的设计基本上和常规电器的控制电路一样，所以掌握常规电器控制电路的控制原理和设计方法是可编程控制器设计的基础。

0.1　PLC 控制设计的基本原则

PLC 电气控制系统是控制电气设备的核心部件，因此 PLC 的控制性能是整个控制系统能否正常、安全、可靠、高效运行的关键所在。在设计 PLC 控制系统时，应遵循以下基本原则：

（1）最大限度地满足被控对象的控制要求。

（2）力求控制系统简单、经济、实用，维修方便。

（3）保证控制系统的安全、可靠性。

（4）操作简单、方便，并考虑有防止误操作的安全措施。

（5）满足 PLC 的各项技术指标和环境要求。

0.2　PLC 控制设计的基本步骤

1. 对控制系统的控制要进行详细了解

在进行 PLC 控制设计之前，首先要详细了解其工艺过程和控制要求，应采取什么控制方式，需要哪些输入信号，选用什么输入元件，哪些信号需输出到 PLC 外部，通过什么元件执行驱动负载；弄清整个工艺过程各个环节的相互联系；了解机械运动部件的驱动方式，是液压、气动还是电动，运动部件与各电气执行元件之间的联系；了解系统的控制方式是全自动还是半自动的，控制过程是连续运行还是单周期运行，是否有手动调整要求等。另外，还要注意哪些量需要监控、报警、显示，是否需要故障诊断，需要哪些保护措施等。

2．控制系统初步方案设计

控制系统的设计往往是一个渐进式、不断完善的过程。在这一过程中，先大致确定一个初步控制方案，首先解决主要控制部分，对于不太重要的监控、报警、显示、故障诊断以及保护措施等可暂不考虑。

3．根据控制要求确定输入/输出元件，绘制输入/输出接线图和主电路图

根据 PLC 输入/输出量选择合适的输入和输出控制元件，计算所需的输入/输出点数，并参照其他要求选择合适的 PLC 机型。根据 PLC 机型特点和输入/输出控制元件绘制 PLC 输入/输出接线图，确定输入/输出控制元件与 PLC 的输入/输出端的对应关系。输入/输出元件的布置应尽量考虑接线、布线的方便，同一类的电气元件应尽量排在一起，这样有利于梯形图的编程。一般主电路比较简单，可一并绘制。

4．根据控制要求和输入/输出接线图绘制梯形图

这一步是整个设计过程的关键，梯形图的设计需要掌握 PLC 的各种指令的应用技能和编程技巧，同时还要了解 PLC 的基本工作原理和硬件结构。梯形图的正确设计是确保控制系统安全可靠运行的关键。

5．完善上述设计内容

完善和简化绘制的梯形图，检查是否有遗漏，若有必要还可再反过来修改和完善输入/输出接线图和主电路图及初步方案设计，加入监控、报警、显示、故障诊断和保护措施等，最后进行统一完善。

6．模拟仿真调试

在电气控制设备安装和接线前最好先在 PLC 上进行模拟调试，或在模拟仿真软件上进行仿真调试。三菱公司全系列可编程控制器的通用编程软件 GX Developer Version 8.34L（SW8D5C-GPPW-C）附带有仿真软件（GX Simulator Version6），可对所编的梯形图进行仿真，确保控制梯形图没有问题后再进行连机调试。但仿真软件对某些部分功能指令是不支持的，例如，附录 C 中三菱 FX_{2N} 型 PLC 功能指令中的功能号前带有"*"的指令，这部分控制程序只能在 PLC 上进行模拟调试或现场调试。

7．设备安装调试

将梯形图输入到 PLC 中，根据设计的电路进行电气控制元件的安装和接线，在电气控制设备上进行试运行。

0.3　输入/输出接线图的设计

在设计 PLC 梯形图之前，应先设计输入/输出接线图，这一点有很多人不太关注，有些

人认为梯形图和输入/输出接线图关系不大，可以分开设计，这是不对的。

下面通过一些简单的实例说明 PLC 输入/输出接线图的设计。

例 1　将图 0-1 所示的两个地点控制一台电动机的控制电路改为 PLC 控制。

解：图 0-1 电路中有两个启动按钮，两个停止按钮和一个热继电器常闭接点，共有 5 个输入量。1 个输出量为接触器线圈。将输入接点全部以常开接点的形式接在 PLC 的输入端上，将输出元件接在 PLC 的输出端上。将控制电路图 0-1 改为 PLC 控制的梯形图和 PLC 接线图，如图 0-2 所示。[①]

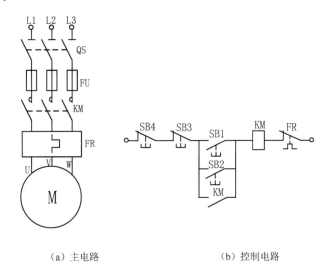

（a）主电路　　　　　（b）控制电路

图 0-1　两个地点控制一台电动机的控制电路

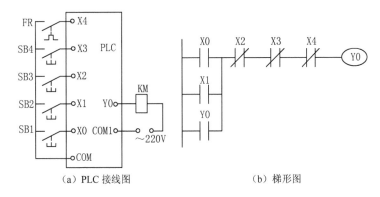

（a）PLC 接线图　　　　　（b）梯形图

图 0-2　两个地点控制一台电动机的 PLC 控制图 1

1. 输入接线图的设计

上述例 1 是将一般控制电路转换成 PLC 控制，但是大多数情况下，PLC 的控制设计是根据控制要求来设计的。

输入电路中最常用的输入元件有按钮、限位开关、无触点接近开关、普通开关、选择

---

① 在本书实例中一般不给出电动机主电路图。

开关、各种继电器接点等。另外，常用的输入元件还有数字开关（也叫拨码开关、拨盘）、旋转编码器和各种传感器等。

在输入接线图的设计时应考虑输入接点的合理使用，下面介绍节省输入点的几种方法。

1）梯形图中串并联接点外接法

在图 0-2 中用了 5 个输入继电器，将梯形图中的 X0、X1 并联接点移至 PLC 输入端，将 X2、X3、X4 串联接点移至 PLC 输入端，如图 0-3（a）所示，就减少了输入点数。对应的梯形图如图 0-3（b）所示。

为了便于读者理解，本书实例中的输入接点一般采用常开接点。值得注意的是，对于停止按钮和起保护作用的输入接点应采用常闭接点。这是因为，如果采用常开接点，一旦接点损坏不能闭合，或断线电路不通，人们一般不易察觉，设备将不能及时停止，可能造成设备损坏或危及人身安全。

根据下列公式可将图 0-3（a）所示常开接点变成常闭接点：

$$X1 = SB3 + SB4 + FR$$
$$\overline{X1} = \overline{SB3}\ \overline{SB4}\ \overline{FR}$$

图 0-3（a）所示输入接点由常开接点改为常闭接点的同时，梯形图中对应的接点也要相应取反（即常开接点改为常闭接点，常闭接点改为常开接点），如图 0-3（c）、（d）所示。

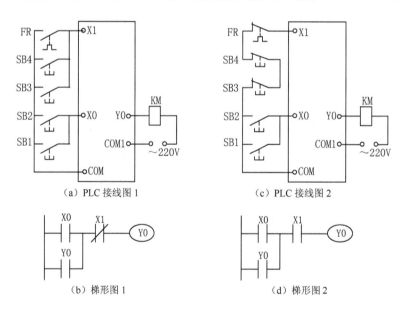

图 0-3　两个地点控制一台电动机的 PLC 控制图 2

2）局部电路外移法

详情请看"实例 102　绕线型电动机转子串电阻时间原则启动控制"。该实例是将原电路中的部分电路直接移至 PLC 的输入端，使多个输入接点共占用了一个输入继电器。

该实例还阐述了一个重要问题，就是并非所有的常规控制电路都可以直接转换成 PLC 控制梯形图，特别是电路中的互锁和联锁，往往要通过 PLC 外部硬接线才能实现。

3）编码输入法

编码输入是将多个输入继电器的组合作为输入信号，n 个输入继电器有 2^n 种组合，可以用 n 位二进制数表示，这种输入方法可以最大限度地利用输入点，一般需要梯形图译码。如图 0-4 所示，输入继电器 X0、X1 有 4 种组合（即 2 位二进制数 00、01、10、11），用 M0～M3 表示，相当于 4 个输入信号。例如，开关在 2 位置，X1、X0=10，梯形图中 M2 线圈得电。

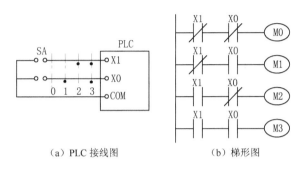

（a）PLC 接线图　　　　　　　（b）梯形图

图 0-4　编码输入 1

图 0-5 所示为使用按钮的编码输入，其原理和图 0-4 中的原理基本一样。

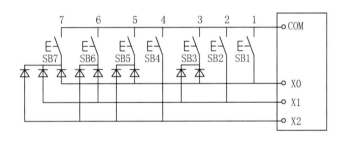

图 0-5　编码输入 2

4）矩阵输入法

图 0-6 所示为 3 行 2 列输入矩阵，这种接线一般常用于有多种输入操作方式的场合。例如，图中的选择开关 SA 打在左边，则执行手动操作方式，用按钮进行输入操作；开关打在右边，则执行自动操作方式，由系统接点进行自动控制。

如"实例 82　矩阵输入"，由 8 点输入和 8 点晶体管输出，获得 64 点输入。

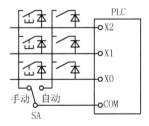

图 0-6　3 行 2 列输入矩阵

5）编程输入法

图 0-7 所示为用编程的方式组成的输入电路。输入按钮 SB 相当于一个 10 挡位的选择开关，初始位置为 M20 线圈得电，M20=1，接点闭合。

工作原理如下：

按下按钮 SB，X1 接通一次，SFTL 指令执行一次左移，将 M20 的值"1"左移到 M21 中，使 M21=1，M21 的常闭接点断开，M20 线圈失电，M20=0。

再按动按钮 SB，SFTL 指令又执行一次左移，将 M21 的值"1"左移到 M22 中，使 M22=1，M22 的常闭接点断开，M20 线圈仍失电。

每按动一次按钮 SB，SFTL 指令执行一次左移。每次只有 1 个继电器 M=1，使 M20～M29 这 10 个继电器的接点依次轮流闭合，相当于一个 10 挡位的选择开关。

用编程的方法可以实现多种多样的输入方式和控制方式，关键在于灵活地应用各种基本逻辑指令和功能指令。

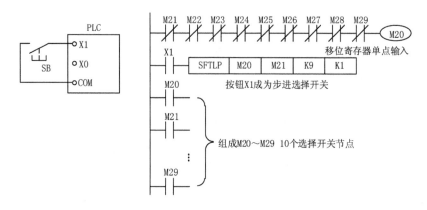

图 0-7　按钮式 10 挡位选择开关

本书中"实例 1　用一个按钮控制三组灯"、"实例 2　用一个开关控制三个照明灯"、"实例 57　选择开关"和"实例 58　选择开关控制 3 台电动机顺序启动，逆序停止"等就是采用了编程输入法。

6）一个按钮多用法

例如，"例 2　星形－三角形降压启动 PLC 控制图"、"实例 23　电动机软启动停止控制"和"实例 51　用一个按钮定时预警启动停止控制"等，其控制按钮 SB 既是启动按钮又是停止按钮。

2．输出接线图的设计

PLC 输出电路中常用的输出元件有各种继电器、接触器、电磁阀、信号灯、报警器、发光二极管等。

PLC 输出电路采用直流电源时，对于感性负载，应反向并联二极管，否则接点的寿命会显著下降，二极管的反向耐压应大于负载电压的 5～10 倍，正向电流大于负载电流。

PLC 输出电路采用交流电源时，对于感性负载，应并联阻容吸收器（由一个 $0.1\mu F$ 电容器和一个 100～120Ω 电阻串联而成），以保护接点的寿命。

PLC 输出电路无内置熔断器，当负载短路等故障发生时将损坏输出元件。为了防止输出元件损坏，在输出电源中串接一个 5～10A 的熔断器，如图 0-8 所示。

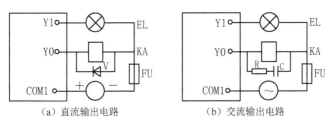

（a）直流输出电路　　　　　　（b）交流输出电路

图 0-8　PLC 输出电路保护的措施

为了突出重点，本书中继电器、接触器未加反向并联二极管和阻容吸收器。

在输出接线图的设计时应考虑输出继电器的合理使用，下面介绍节省 PLC 输出点的几种方法。

1）利用控制电路的逻辑关系节省输出点

如图 0-9 所示，根据图 0-9（a）梯形图 1 的逻辑关系，对应的 PLC 接线图如图 0-9（b）所示，需要三个输出继电器。利用控制电路的逻辑关系将其改为如图 0-9（c）、（d）所示，则只需要两个输出继电器。

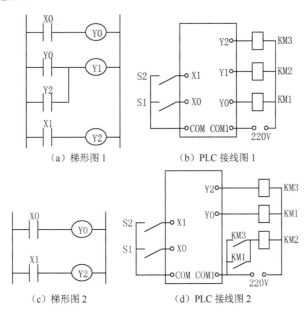

（a）梯形图 1　　　　　　（b）PLC 接线图 1

（c）梯形图 2　　　　　　（d）PLC 接线图 2

图 0-9　利用控制电路的逻辑关系省输出点

2）利用控制电路的输出特点节省输出点

例 2　三相异步电动机星形 - 三角形降压启动 PLC 控制。

解：星形 - 三角形降压启动 PLC 控制电路一般需用 2 点输入（一个启动按钮，一个停止按钮），3 点输出（接触器 KM1～KM3）。利用控制电路的输出特点，考虑到星形启动接触器 KM2 只是在启动时用一下，可以和 KM1 共用一个输出点 Y1。SB 既做启动按钮又做停止按钮。这样，在图 0-10 所示的星形 - 三角形降压启动 PLC 控制电路中只用了 1 点输入，2 点输出。

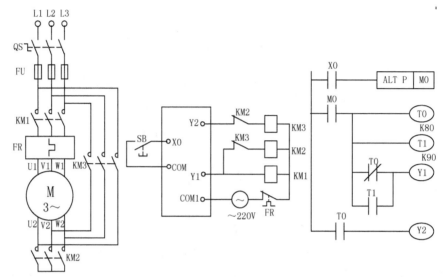

（a）星形 - 三角形启动主电路　　（b）星形 - 三角形启动 PLC 接线图　　（c）星形 - 三角形启动梯形图

图 0-10　星形 - 三角形降压启动 PLC 控制

3）矩阵输出

例如，实例 28 为 5 行 8 列 LED 矩阵依次发光控制，使用了 13 点输出，用 40 个发光二极管，可用于显示 40 种工作状态。

图 0-11 所示为工业袋式除尘器的部分 PLC 控制电路。该除尘器有 4 个除尘室，当除尘器开始工作时，1～4 室依次轮流卸灰，每室卸灰时间为 20s，卸灰完毕后启动反吹风机，3s 后，1～4 室再依次轮流清灰，每室清灰时间为 15s，结束后，再反复执行上述过程。

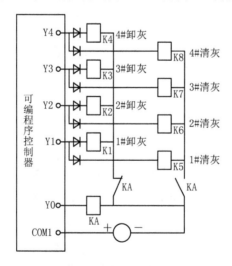

图 0-11　袋式除尘器 PLC 接线图

每个除尘室分别有两个输出量，一个为卸灰，一个为清灰，4 个除尘室需用 8 个输出量，需要占用 8 个输出继电器。但是从分析除尘的工作过程可以知道，这 8 个输出量并不是同时工作的，而是分为卸灰和清灰两个时间段。这样可以考虑用 4 个输出继电器 Y1～Y4 先依次控制 1～4 室的卸灰，卸灰结束后由反吹风输出继电器 Y0 将卸灰继电器 K1～K4 断开，并接通清灰继电器 K5～K8，由输出继电器 Y1～Y4 再依次控制 1～4 室的清灰，这样就可以节省近一半的输出继电器。

这个电路实际上是一个 4 行 2 列的输出矩阵，采用直流电源和直流继电器，图 0-11 中的二极管用于防止产生寄生回路。

4）外部译码输出

用七段码译码指令 SEGD，可以直接驱动一个七段数码管，十分方便。电路也比较简单，但需要 7 个输出端。若采用在输出端外部译码，则可减少输出端的数量。外部译码的方法很多，如用七段码分时显示指令 SEGL 可以用 12 点输出控制 8 个七段数码管等。

图 0-12 所示为用集成电路 4511 组成的 1 位 BCD 译码驱动电路，只用了 4 点输出。如果显示值小于 8 可用 3 点输出，显示值小于 4 可用 2 点输出。

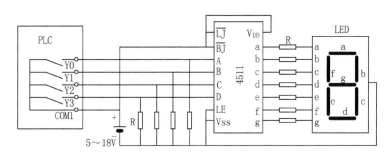

图 0-12 BCD 码驱动七段数码管电路图

0.4 PLC 基本设计编程方法

控制电路根据逻辑关系可以分为组合电路和时序电路，在一个复杂的控制电路中也可能既有组合电路也有时序电路。

1. 组合电路的设计

控制结果只和输入有关的电路称为组合电路，由于组合电路的控制结果只和输入变量的状态有关，所以可以用布尔代数（也称为开关代数或逻辑代数）通过计算而得出。

组合电路的梯形图设计步骤一般如下：

（1）根据控制条件列出真值表。

（2）由真值表写出逻辑表达式并进行化简。

（3）根据逻辑表达式画出控制电路。

例 3 在楼梯走廊里，在楼上楼下各安装一个开关来控制一盏照明灯，试设计 PLC 控制接线图和梯形图。

解：首先根据控制要求画出 PLC 接线图如图 0-13（a）所示。根据题意分析可知两个开关只有 4 种状态，当只有其中一个开关动作时灯亮，当两个开关都动作或都不动作时灯不亮，据此列出真值表如表 0-1 所示。

由真值表写出逻辑表达式 $E = \overline{S2}\,S1 + S2\,\overline{S1}$，根据逻辑表达式画出梯形图如图 0-13（b）所示。

表 0-1　例 3 真值表

S2	S1	E
0	0	0
0	1	1
1	0	1
1	1	0

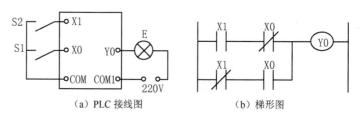

（a）PLC 接线图　　　　（b）梯形图

图 0-13　两个开关控制一盏灯电路

本书中，实例 3、4、5、6、8 等都采用组合电路。实例 1 和实例 52 虽然是一个时序电路，但是在局部电路中 PLC 的输出和计数值有一定的对应关系，所以也可以用真值表写出逻辑表达式。

2．时序电路的设计

在控制电路中，绝大部分电路都是时序电路，由继电器组成的控制电路中，时序电路实际上就是自锁电路，这种电路应用得十分广泛，一般没有固定的设计方式。

时序电路也称记忆电路，其中包含有记忆元件。时序电路的控制结果不仅和输入变量的状态有关，也和记忆元件的状态有关。由于中间逻辑元件和输出执行元件中有记忆元件，所以，时序电路的控制结果和输入变量、中间逻辑变量及输出逻辑变量三者都是有关系的，由于时序电路的逻辑关系比较复杂，这类电路目前主要用经验法来设计。

在 PLC 梯形图中含有 SET、OUT、MC 等逻辑线圈的梯形图都可以组成时序电路。

在时序电路中还有一种电路叫做顺序控制电路，这种电路的特点是控制电路根据控制条件按一定顺序进行工作，设计方法较多，一般基本指令、步进指令和功能指令都可以使用。但是比较复杂的控制电路一般用步进顺控指令编程比较直观方便，如实例 24、实例 33、实例 35、实例 38 等。

顺序控制电路也可以分为行程顺序控制、时间顺序控制和计数顺序控制等多种形式。

例如，"实例 16　小车五位自动循环往返运行"，"实例 33　搅拌器自动定时搅拌"，"实例 35　钻孔动力头控制"，"实例 38　两个滑台顺序控制"为行程顺序控制。

例如，实例 30 和实例 31 为广告灯的控制，"实例 64　用一个按钮控制 5 条传送机的顺序启动，逆序停止"等都是一种时间顺序控制，如果用步进顺控指令编程则比较繁琐，而用功能指令则比较简单。

例如，"实例 39　机床滑台往复、主轴双向控制"；"实例 54　凸轮控制器"；"实例 55　用凸轮控制器控制 4 台电动机顺启逆停"；"实例 57　选择开关"；"实例 58　选择开关控制 3 台电动机顺序启动，逆序停止等为计数顺序控制"。

分类一　照明灯、信号灯控制

实例1　用一个按钮控制三组灯

用一个按钮控制三组（或三个）灯，以达到控制灯的亮度。由 PLC 组成一个控制器，每按一次按钮增加一组灯亮，三组灯全亮后，每按一次按钮，灭一组灯（为了使每组灯亮的时间尽量相等，要求先亮的灯先灭），如果按下按钮的时间超过 2s，则灯全灭。

控制方案设计

1. 输入/输出元件及控制功能

如表 1-1 所示，介绍了实例 1 中用到的输入/输出元件及控制功能。

表 1-1　输入/输出元件及控制功能

	PLC 软元件	元件文字符号	元件名称	控制功能
输入	X0	SB	控制按钮	控制三组灯
输出	Y0	EL1	照明灯 1	照明
	Y1	EL2	照明灯 2	照明
	Y2	EL3	照明灯 3	照明

2. 电路设计

根据控制要求，可用加一指令 INC 组成一个计数器，计数值用 K1M0 表示，用计数结果控制三个灯的组合状态。计数器计数值与三组灯的逻辑关系如表 1-2 所示。

表 1-2　三组灯显示输出真值表

计数值	计数值 K1M0				灯组 3	灯组 2	灯组 1	说　明
	M3	M2	M1	M0	Y2	Y1	Y0	
0	0	0	0	0	0	0	0	灯不亮
1	0	0	0	1	0	0	1	1 灯亮
2	0	0	1	0	0	1	1	1、2 灯亮
3	0	0	1	1	1	1	1	1、2、3 灯亮

续表

计数值	计数值 K1M0				灯组 3	灯组 2	灯组 1	说　明
	M3	M2	M1	M0	Y2	Y1	Y0	
4	0	1	0	0	1	1	0	2、3 灯亮
5	0	1	0	1	1	0	0	3 灯亮
6	0	1	1	0	0	0	0	灯灭

根据表 1-2 画出 Y0、Y1、Y2 的卡诺图。

Y0 的卡诺图如图 1-1 所示。

根据 Y0 的卡诺图写出 Y0 逻辑表达式如下：

$$Y0 = M0 \cdot \overline{M2} + M1 \cdot \overline{M2} = (M0 + M1)\overline{M2}$$

图 1-1　Y0 的卡诺图

同理，画出 Y1、Y2 的卡诺图，写出 Y1、Y2 逻辑表达式如下：

$$Y1 = \overline{M0} \cdot \overline{M1} \cdot M2 + M1 \cdot \overline{M2}$$

$$Y2 = M0 \cdot M1 \cdot \overline{M2} + \overline{M1} \cdot M2$$

当计数值 K1M0=0110 时，即当 M1=1，M2=1 时，将计数器复位。由上述关系画出 PLC 接线图和控制梯形图，如图 1-2 所示。

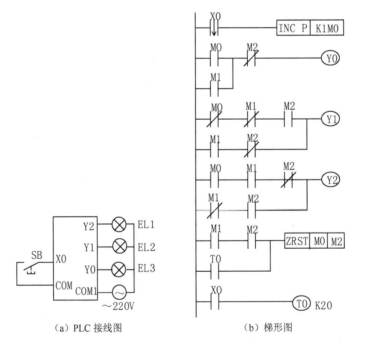

（a）PLC 接线图　　　　　（b）梯形图

图 1-2　一个按钮控制三个灯

实例 2　用一个开关控制三个照明灯

用一个开关控制三个照明灯，要求开关闭合时灯亮，开关断时灯灭，如果在 3s 之内每闭合一次开关，亮的灯数由 1 个→2 个→3 个→2 个→1 个→0 个循环；如果开关断开的时间超过 3s，再扳合开关时，重复上述过程。

控制方案设计

1. 输入/输出元件及控制功能

如表 2-1 所示，介绍了实例 2 中用到的输入/输出元件及控制功能。

表 2-1 输入/输出元件及控制功能

	PLC 软元件	元件文字符号	元 件 名 称	控 制 功 能
输入	X0	S	控制开关	控制三个照明灯
输出	Y0	EL1	照明灯 1	照明
	Y1	EL2	照明灯 2	照明
	Y2	EL3	照明灯 3	照明

2. 电路设计

用一个开关控制三个照明灯的接线图和梯形图，如图 2-1 所示。

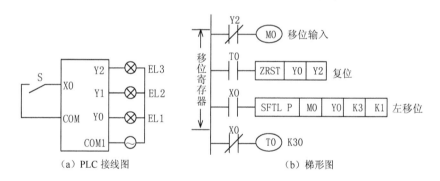

（a）PLC 接线图   （b）梯形图

图 2-1 一个开关控制三个灯

3. 控制原理

图 2-1（b）中的梯形图构成了一个移位寄存器，在初始状态下，开关 X0 断开，移位寄存器中 Y0、Y1、Y2 均为 0，而 $M0 = \overline{Y2} = 1$。移位寄存器移位过程如表 2-2 所示。

表 2-2 移位寄存器移位过程说明

Y2 ←	Y1 ←	Y0 ←	M0 ←	移位寄存器移位过程
0	0	0	1	初始状态
0	0	1	1	第 1 次移位
0	1	1	1	第 2 次移位

续表

Y2 ←	Y1 ←	Y0 ←	M0 ←	移位寄存器移位过程
1	1	1	0	第 3 次移位
1	1	0	0	第 4 次移位
1	0	0	0	第 5 次移位
0	0	0	1	复位

第一次开关 X0 闭合时，执行移位，将 M0 的数据 1 传送给 Y0，Y0=1，Y1=Y2=0。

第二次开关 X0 闭合时，执行移位，将 M0 的数据 1 传送给 Y0，Y0=1，Y1=1，Y2=0。

第三次开关 X0 闭合时，执行移位，将 M0 的数据 1 传送给 Y0，Y0=Y1=Y2=1，M0=0。

第四次开关 X0 闭合时，执行移位，将 M0 的数据 0 传送给 Y0，Y0=0，Y1=Y2=1，M0=0。

第五次开关 X0 闭合时，执行移位，将 M0 的数据 0 传送给 Y0，Y0=Y1=0，Y2=1，M0=0。

第六次开关 X0 闭合时，执行移位，将 M0 的数据 0 传送给 Y0，Y0=Y1=Y2=0，M0=1。

在开关 X0 断开时，不执行移位，移位寄存器中的数据不变，若 X0 每次断开的时间超过 3s，则 T0 延时 3s 动作，T0 接点闭合，使移位寄存器中的数据复位。当开关 X0 再次闭合时，又从上述初始状态开始，重复循环过程。

实例 3　用三个开关控制一个灯

用三个开关控制一个照明灯，任何一个开关都可以控制照明灯的亮与灭。

控制方案设计

1. 输入/输出元件及控制功能

如表 3-1 所示，介绍了实例 3 中用到的输入/输出元件及控制功能。

表 3-1　输入/输出元件及控制功能

	PLC 软元件	元件文字符号	元 件 名 称	控 制 功 能
输入	X0	S1	开关 1	控制灯
	X1	S2	开关 2	控制灯
	X2	S3	开关 3	控制灯
输出	Y0	EL	灯	照明

2. 电路设计

经分析可知，只有一个开关闭合时灯亮，再有另一个开关闭合时灯灭，推而广之，即有奇数个开关闭合时灯亮，偶数个开关闭合时灯灭。根据控制要求列出真值表，如表 3-2 所示。

表 3-2 三个开关控制一个灯真值表

X2	X1	X0	Y0
0	0	0	0
0	0	1	1
0	1	0	1
0	1	1	0
1	0	0	1
1	0	1	0
1	1	0	0
1	1	1	1

根据真值表和图 3-1 中的 PLC 接线图列出逻辑表达式：

$$Y0 = \overline{X2} \cdot \overline{X1} \cdot X0 + \overline{X2} \cdot X1 \cdot \overline{X0} + X2 \cdot \overline{X1} \cdot \overline{X0} + X2 \cdot X1 \cdot X0$$
$$= \overline{X2}(\overline{X1} \cdot X0 + X1 \cdot \overline{X0}) + X2(\overline{X1} \cdot \overline{X0} + X1 \cdot X0)$$

根据逻辑表达式画出梯形图，如图 3-1（b）所示。

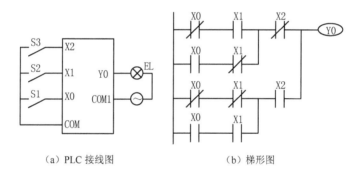

（a）PLC 接线图 （b）梯形图

图 3-1 三个开关控制一个灯

实例 4 用四个开关控制四个灯

用四个开关，每个开关分别控制一个灯，当只有一个开关动作时对应的灯亮，当两个及以上个开关动作时，灯不亮。

控制方案设计

1．输入/输出元件及控制功能

如表 4-1 所示，介绍了实例 4 中用到的输入/输出元件及控制功能。

表 4-1　输入/输出元件及控制功能

	PLC 软元件	元件文字符号	元件名称	控制功能
输入	X1	S1	开关 1	控制灯 1
	X2	S2	开关 2	控制灯 2
	X3	S3	开关 3	控制灯 3
	X4	S4	开关 4	控制灯 4
输出	Y0	EL1	灯 1	灯 1
	Y1	EL2	灯 2	灯 2
	Y2	EL3	灯 3	灯 3
	Y3	EL4	灯 4	灯 4

2．电路设计

设四个开关为 X3、X2、X1、X0，根据控制要求列出真值表，如表 4-2 所示。

表 4-2　信号灯显示输出真值表

开关 4 X3	开关 3 X2	开关 2 X1	开关 1 X0	灯 4 Y3	灯 3 Y2	灯 2 Y1	灯 1 Y0	说　明
0	0	0	0					
0	0	0	1				1	只有开关 1 动作时灯 1 亮
0	0	1	0			1		只有开关 2 动作时灯 2 亮
0	0	1	1					
0	1	0	0		1			只有开关 3 动作时灯 3 亮
0	1	0	1					
0	1	1	0					
0	1	1	1					
1	0	0	0	1				只有开关 4 动作时灯 4 亮
1	0	0	1					
1	0	1	0					
1	0	1	1					
1	1	0	0					
1	1	0	1					
1	1	1	0					
1	1	1	1					

根据题意写出逻辑表达如下：

$$Y0 = X0 \cdot \overline{X1} \cdot \overline{X2} \cdot \overline{X3}$$
$$Y1 = \overline{X0} \cdot X1 \cdot \overline{X2} \cdot \overline{X3}$$
$$Y2 = \overline{X0} \cdot \overline{X1} \cdot X2 \cdot \overline{X3}$$
$$Y3 = \overline{X0} \cdot \overline{X1} \cdot \overline{X2} \cdot X3$$

根据逻辑表达式画出梯形图和 PLC 接线图，如图 4-1 所示。

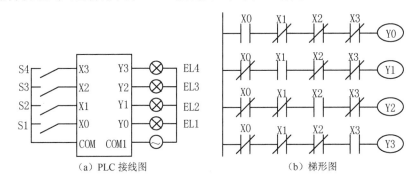

（a）PLC 接线图　　　　　（b）梯形图

图 4-1　PLC 接线图和控制梯形图

3．控制原理

当开关 S1 闭合，X0=1，X0 常开接点闭合，Y0 线圈经 X1、X2、X3 常闭接点得电。同理当 X1、X2 或 X3 单独闭合时，对应的线圈 Y1、Y2 或 Y3 单独得电。如果当 X0=1 时，若此时 X1、X2 或 X3 三个开关中任意一个或两个或三个开关动作，其常闭接点断开，则 Y0 无法得电；同理当 X1 或 X2、X3 单独动作时，若其他三个开关得电，对应的输出继电器也无法得电，即 X0、X1、X2、X3 四个开关只能单独控制其相对应的灯，若同时超过两个以上的开关得电，则没有灯亮。

4．用功能指令编程

用四个开关控制四个灯用功能指令编程的梯形图，如图 4-2 所示。

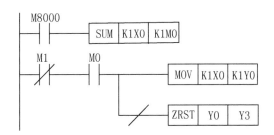

图 4-2　功能指令编程梯形图

当开关 X0～X3 中只有一个开关闭合时，执行 SUM 指令，结果 K1M0=1，即 M1=0，M0=1，执行 MOV 指令，开关 X0～X3 相对应的 Y0～Y3 的灯亮。当四个开关都断开时，或闭合的开关不是一个时，不执行 MOV 指令就执行 ZRST 指令，将 Y0～Y3 复位，四个灯就全灭。

实例 5　用四个开关控制一个照明灯

用四个开关控制一个照明灯，任何一个开关都可以控制照明灯的亮与灭。

控制方案设计

1．输入/输出元件及控制功能

如表 5-1 所示，介绍了实例 5 中用到的输入/输出元件及控制功能。

表 5-1　输入输出元件及控制功能

	PLC 软元件	元件文字符号	元 件 名 称	控 制 功 能
输入	X0	S1	开关 1	控制灯
	X1	S2	开关 2	控制灯
	X2	S3	开关 3	控制灯
	X3	S4	开关 4	控制灯
输出	Y0	EL	灯	照明

2．电路设计

方法 1：

设四个开关为 X3、X2、X1、X0，根据控制要求可知，任何一个开关闭合时，灯都亮，如果再闭合一个开关时灯灭。也就是说任何两个开关闭合时灯都灭，以此类推，可知当有奇数个开关闭合时灯亮，当有偶数个开关闭合时灯都灭，由此列出真值表如表 5-2 所示。

表 5-2　照明灯显示输出真值表

	开关 4 X3	开关 3 X2	开关 2 X1	开关 1 X0	照明灯 Y0	说　　明
0	0	0	0	0	0	0 个开关动作时灯亮
1	0	0	0	1	1	一个开关动作时灯亮
2	0	0	1	0	1	一个开关动作时灯亮
3	0	0	1	1	0	两个开关动作时灯灭
4	0	1	0	0	1	一个开关动作时灯亮
5	0	1	0	1	0	两个开关动作时灯灭
6	0	1	1	0	0	两个开关动作时灯灭
7	0	1	1	1	1	三个开关动作时灯亮
8	1	0	0	0	1	一个开关动作时灯亮
9	1	0	0	1	0	两个开关动作时灯灭
10	1	0	1	0	0	两个开关动作时灯灭
11	1	0	1	1	1	三个开关动作时灯亮
12	1	1	0	0	0	两个开关动作时灯灭
13	1	1	0	1	1	三个开关动作时灯亮
14	1	1	1	0	1	三个开关动作时灯亮
15	1	1	1	1	0	四个开关动作时灯灭

由真值表写出逻辑表达式如下：

$$Y0 = X0 \cdot \overline{X1} \cdot \overline{X2} \cdot \overline{X3} + \overline{X0} \cdot X1 \cdot \overline{X2} \cdot \overline{X3} + X0 \cdot \overline{X1} \cdot X2 \cdot \overline{X3} + \overline{X0} \cdot X1 \cdot \overline{X2} \cdot X3$$
$$+ \overline{X0} \cdot X1 \cdot X2 \cdot X3 + X0 \cdot \overline{X1} \cdot X2 \cdot X3 + X0 \cdot X1 \cdot \overline{X2} \cdot X3 + X0 \cdot X1 \cdot X2 \cdot \overline{X3}$$
$$= (X0 \cdot \overline{X1} + \overline{X0} \cdot X1) \cdot \overline{X2} \cdot \overline{X3} + (X2 \cdot \overline{X3} + \overline{X2} \cdot X3) \cdot \overline{X0} \cdot \overline{X1}$$
$$+ (X0 \cdot \overline{X1} + \overline{X0} \cdot X1) \cdot X2 \cdot X3 + (X2 \cdot \overline{X3} + \overline{X2} \cdot X3) \cdot X0 \cdot X1$$
$$= (X0 \cdot \overline{X1} + \overline{X0} \cdot X1)(\overline{X2} \cdot \overline{X3} + X2 \cdot X3)$$
$$+ (X2 \cdot \overline{X3} + \overline{X2} \cdot X3)(\overline{X0} \cdot \overline{X1} + X0 \cdot X1)$$

根据逻辑表达式画出 PLC 接线图和梯形图，如图 5-1 所示。

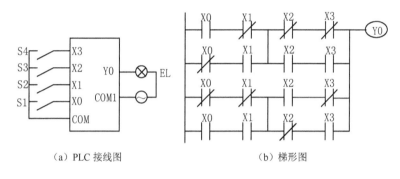

（a）PLC 接线图　　　　　　（b）梯形图

图 5-1　PLC 接线图和控制梯形图

方法 2：

采用 SUM 指令，将 K1X0（X3、X2、X1、X0）中四个开关为 1 的个数以二进制数存放到 K1M0 中，如果 K1M0 为奇数，必有 M0=1，M0=Y0=1，灯亮。如果 K1M0 为偶数，必有 M0=0，M0=Y0=0，灯不亮。梯形图如图 5-2 所示。

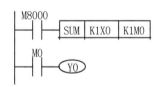

图 5-2　四个开关控制一个灯（方法 2）

实例6　用四个开关控制一个信号灯

用四个开关控制一个信号灯，当其中任意两个开关闭合时信号灯亮，否则信号灯不亮。

控制方案设计

1. 输入/输出元件及控制功能

如表 6-1 所示，介绍了实例 6 中用到的输入/输出元件及控制功能。

表 6-1　输入/输出元件及控制功能

	PLC 软元件	元件文字符号	元 件 名 称	控 制 功 能
输入	X0	S1	开关 1	控制灯
	X1	S2	开关 2	控制灯
	X2	S3	开关 3	控制灯
	X3	S4	开关 4	控制灯
输出	Y0	HL	信号灯	信号

2. 电路设计

设四个开关为 X3、X2、X1、X0，根据控制要求列出真值表如表 6-2 所示。

表 6-2　信号灯显示输出真值表

开关 4 X3	开关 3 X2	开关 2 X1	开关 1 X0	信号灯 Y0	说　明
0	0	0	0		
0	0	0	1		
0	0	1	0		
0	0	1	1	1	两个开关动作时灯亮
0	1	0	0		
0	1	0	1	1	两个开关动作时灯亮
0	1	1	0	1	两个开关动作时灯亮
0	1	1	1		
1	0	0	0		
1	0	0	1	1	两个开关动作时灯亮
1	0	1	0	1	两个开关动作时灯亮
1	0	1	1		
1	1	0	0	1	两个开关动作时灯亮
1	1	0	1		
1	1	1	0		
1	1	1	1		

根据真值表写出逻辑表达式，并化简。

根据逻辑表达式画出 PLC 接线图和梯形图如图 6-1 所示。

采用 SUM 指令，将 K1X0（X3、X2、X1、X0）中四个开关为 1 的个数以二进制数存放到 K1M0 中，当四个开关中有 2 个开关闭合时，K1M0=2 时，即 M1=1，M0=0，Y0 线圈得电灯亮，否则灯不亮。梯形图如图 6-2 所示。

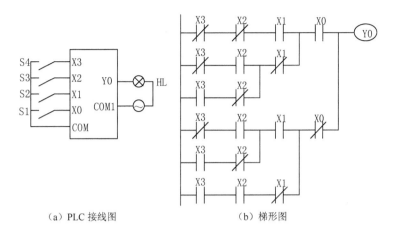

（a）PLC 接线图　　　　　　　　（b）梯形图

图 6-1　用四个开关控制一个信号灯 PLC 接线图和控制梯形图

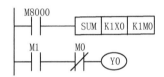

图 6-2　用四个开关控制一个信号灯梯形图

实例 7　用四个按钮分别控制四个灯

用四个按钮分别控制四个灯，当其中任意一个按钮按下时对应的灯亮，多个按钮按下时灯不亮。

控制方案设计

1．输入/输出元件及控制功能

如表 7-1 所示，介绍了实例 7 中用到的输入/输出元件及控制功能。

表 7-1　输入/输出元件及控制功能

	PLC 软元件	元件文字符号	元 件 名 称	控 制 功 能
输入	X0	SB1	按钮 1	控制灯
	X1	SB2	按钮 2	控制灯
	X2	SB3	按钮 3	控制灯
	X3	SB4	按钮 4	控制灯
输出	Y0	EL1	灯 1	照明
	Y1	EL2	灯 2	照明
	Y2	EL3	灯 3	照明
	Y3	EL4	灯 4	照明

2. 电路设计

用四个按钮分别控制四个灯的接线图和梯形图，如图 7-1 所示。

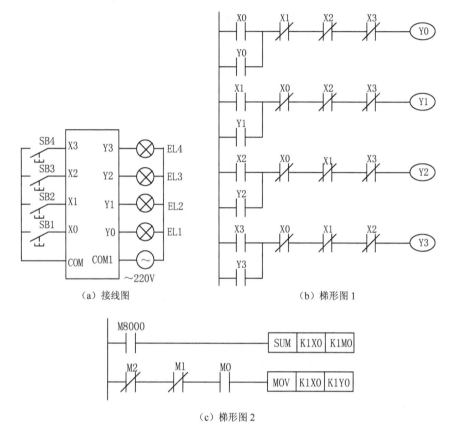

（a）接线图　　　　　　　　　　（b）梯形图 1

（c）梯形图 2

图 7-1　用四个按钮分别控制四个灯接线图和梯形图

3. 控制原理

梯形图 1：当任何一个按钮 Xn 按下时，对应的常开接点闭合，输出线圈得电自锁。其常闭接点断开，其他输出线圈失电。

梯形图 2：初始状态时，没有按钮按下，K1X0=0，执行 SUM 指令，K1M0=0，M0=0，M0 常开接点断开，不执行 MOV 指令，当任何一个按钮按下时，执行 SUM 指令，K1M0=1（M3=0、M2=0、M1=0、M0=1），M0 常开接点闭合，执行 MOV 指令，将 K1X0 的数据传送给 K1Y0。

例如，按一下按钮 SB3，X2=1，K1X0=0100，执行 SUM 指令，K1M0=0001，执行 MOV 指令，K1X0→K1Y0=0100，即 Y2=1，EL3 灯亮。松开按钮时，数据保持不变，仍然 Y2=1。如果再按一下按钮 SB2，X1=1，K1X0=0010，执行 SUM 指令，K1M0=0001，执行 MOV 指令，K1X0→K1Y0=0010，即 Y1=1，EL2 灯亮。松开按钮时，数据保持不变，仍然 Y1=1。

实例8 用信号灯显示三台电动机的运行情况

用红、黄、绿三个信号灯显示三台电动机的运行情况，要求：
① 当无电动机运行时红灯亮。
② 当1台电动机运行时黄灯亮。
③ 当2台及以上电动机运行时绿灯亮。

控制方案设计

1. 输入/输出元件及控制功能

如表8-1所示，介绍了实例8中用到的输入/输出元件及控制功能。

表8-1　输入/输出元件及控制功能

	PLC 软元件	元件文字符号	元 件 名 称	控 制 功 能
输入	Y0	KM1	接触器1	第1台电动机工作
	Y1	KM2	接触器2	第2台电动机工作
	Y2	KM3	接触器3	第3台电动机工作
输出	Y3	HL1	红信号灯	无电动机运行信号
	Y4	HL2	黄信号灯	1台电动机运行信号
	Y5	HL3	绿信号灯	2台及以上电动机运行信号

2. 电路设计

根据控制要求列出真值表如表8-2所示。

表8-2　信号灯显示输出真值表

电动机输出			信号灯输出			说　明
第1台 Y0	第2台 Y1	第3台 Y2	红灯 Y3	黄灯 Y4	绿灯 Y5	
0	0	0	1			当无电动机运行时红灯亮
0	0	1		1		当1台电动机运行时黄灯亮
0	1	0		1		当1台电动机运行时黄灯亮
0	1	1			1	当2台及以上电动机运行时绿灯亮
1	0	0		1		当1台电动机运行时黄灯亮
1	0	1			1	当2台及以上电动机运行时绿灯亮
1	1	0			1	当2台及以上电动机运行时绿灯亮
1	1	1			1	当2台及以上电动机运行时绿灯亮

根据真值表写出逻辑表达式：

$$Y3 = \overline{Y0} \cdot \overline{Y1} \cdot \overline{Y2}$$

$$Y5 = Y0 \cdot Y1 + Y0 \cdot Y2 + Y1 \cdot Y2 = (Y1 + Y2)Y0 + Y1 \cdot Y2$$

$$Y4 = \overline{Y3} \cdot \overline{Y5}$$

方法 1：

根据逻辑表达式画出梯形图和 PLC 接线图，如图 8-1 所示。

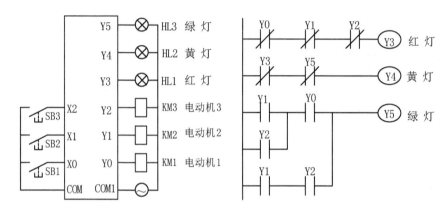

图 8-1　信号灯显示 PLC 接线图和梯形图

方法 2：

信号灯显示梯形图如图 8-2 所示，将 Y0、Y1、Y2 元件用文字符号 K1M0 表示，其中 M3=0（PLC 运行时 M8001 接点断开），执行 SUM 指令时，将电动机运行的台数用 K1M10 表示，执行 CMP 指令时，将电动机运行的台数 K1M10 与 1 进行比较，当 K1M10 小于 1 时，Y3=1，红灯亮。当 K1M10 等于 1 时，Y4=1，黄灯亮。当 K1M10 大于 1 时，Y5=1，绿灯亮。

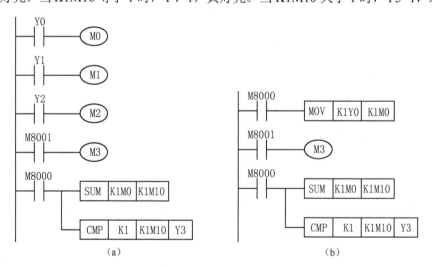

图 8-2　信号灯显示梯形图（方法 2）

分类二　圆盘、小车控制

实例9　按钮控制圆盘转一圈

　　一个圆盘如图 9-1 所示，在原始位置时，限位开关受压，处于动作状态，按一下按钮，电动机带动圆盘转一圈到原始位置时停止。

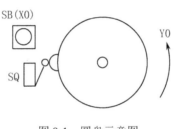

图 9-1　圆盘示意图

控制方案设计

1．输入/输出元件及控制功能

如表 9-1 所示，介绍了实例 9 中用到的输入/输出元件及控制功能。

表 9-1　输入/输出元件及控制功能

	PLC 软元件	元件文字符号	元 件 名 称	控 制 功 能
输入	X0	SB	控制按钮	启动
	X1	SQ	限位开关	原位检测
输出	Y0	KM	接触器	控制电动机

2．电路设计

方法 1：

圆盘控制 PLC 接线图和梯形图如图 9-2 所示。

　　圆盘在原位且限位开关 SQ 也在原位时，常开接点受压闭合，梯形图中 X1 常闭接点断开。当按下按钮 SB 时，X0 接点闭合，经 M0 常闭接点使 Y0 得电并自锁，Y0 得电驱动接触器 KM 使电动机得电，带动圆盘转动，限位开关 SQ 复位，X1 常闭接点闭合，又使 M0

线圈得电，M0 接点常闭接点断开，Y0 线圈仍经 X1 常闭接点得电自锁。当圆盘转一圈后，又碰到限位开关 SQ，X1 常闭接点断开，Y0 失电后，电动机停止转动。

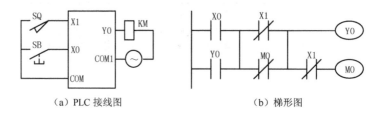

（a）PLC 接线图　　　　　　　　　　　（b）梯形图

图 9-2　圆盘控制 PLC 接线图和梯形图（方法 1）

方法 2：

圆盘控制 PLC 接线图和梯形图如图 9-3 所示。

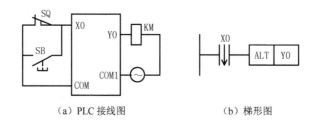

（a）PLC 接线图　　　　　　　　　（b）梯形图

图 9-3　圆盘控制 PLC 接线图和梯形图（方法 2）

在原位时限位开关 SQ 常闭接点受压断开，当按下按钮 SB 再松开时，X0 下降沿接点使 Y0 为 1，圆盘转动使限位开关 SQ 常闭接点闭合，转一圈后又碰到限位开关 SQ 常闭接点时，SQ 断开，X0 又接通产生一次下降沿脉冲，使 Y0 为 0，圆盘停止转动。再次按动按钮 SB 再松开时，又重复上述过程。

实例 10　定时 90° 转盘

　　一个圆盘如图 10-1 所示，由电动机拖动，控制转盘每转 90° 停止转动 1min，并不断重复上述过程。

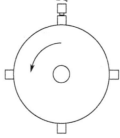

图 10-1　转盘示意图

控制方案设计

1. 输入/输出元件及控制功能

如表 10-1 所示，介绍了实例 10 中用到的输入/输出元件及控制功能。

表 10-1 输入/输出元件及控制功能

	PLC 软元件	元件文字符号	元 件 名 称	控 制 功 能
输入	X0	SA	控制开关	启动/停止控制
	X1	SQ	限位开关	位置检测
输出	Y0	KM	接触器	控制电动机驱动转盘

2. 电路设计

圆盘控制接线图和梯形图如图 10-2 所示。

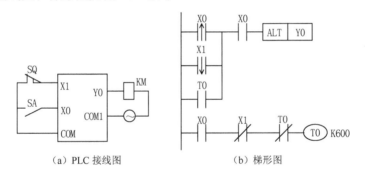

（a）PLC 接线图　　　　　（b）梯形图

图 10-2　定时控制转盘

3. 控制原理

转盘在原位时限位开关 SQ 常闭接点受压断开。合上控制开关 SA 时，X0 接点闭合，X0 上升沿接点产生一个脉冲，接通 ALT Y0 指令使 Y0=1，接触器 KM 得电，转盘转动。转盘转动后使 SQ 常闭接点闭合。转 90° 后，SQ 常闭接点又受压断开，X1 下降沿接点产生一个脉冲，接通 ALT Y0 指令，使 Y0=0，停止转动。由于限位开关 SQ 常闭接点受压断开，X1 常闭接点闭合，定时器 T0 得电延时 1min 后，T0 接点动作（一个扫描周期），又使 Y0=1，转盘转动。不断重复上述过程。

实例 11　圆盘 180° 正反转

一个圆盘如图 11-1 所示，由电动机拖动，按下启动按钮，控制转盘正转 180° 后再反转 180°，并不断重复上述过程。按下急停按钮，转盘立即停止。按下到位停止按钮，转盘转 180° 碰到限位开关停止。

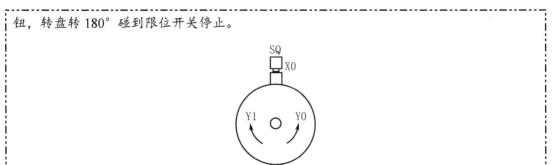

图 11-1 转盘示意图

控制方案设计

1. 输入/输出元件及控制功能

如表 11-1 所示，介绍了实例 11 中用到的输入/输出元件及控制功能。

表 11-1 输入/输出元件及控制功能

PLC 软元件	元件文字符号	元件名称	控制功能
输入 X0	SQ	限位开关	位置检测
	SB1	启动按钮	启动控制
X1	SB2	停止按钮	到位停止控制
X2	SB3	停止按钮	立即停止控制
输出 Y0	KM1	正转接触器	控制电动机驱动转盘正转
Y1	KM2	反转接触器	控制电动机驱动转盘反转

2. 电路设计

控制转盘 180° 正反转 PLC 接线图和梯形图如图 11-2 所示。

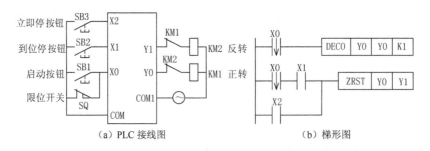

（a）PLC 接线图　　　　　　（b）梯形图

图 11-2 控制转盘 180° 正反转

3. 控制原理

初始状态，转盘在原位时限位开关 SQ 常闭接点受压断开。X0=0，Y0=0；按下启动按钮 SB1，X0=1 在松开按钮 SB1 时 X0=0，执行一次解码 DECO 指令使 Y0=1，圆盘正转，转动后 SQ 接点闭合，转动 180° 后 SQ 接点又受压断开，X0 下降沿接点又接通一次，再执行一次 DECO 指令，由于 Y0=1，解码后使 Y1=1，Y0=0，圆盘又反转，转 180° 后又正转，重复上述过程，按住停止按钮 SB2，X1=1，当圆盘碰到限位开关 SQ 时停止。按 SB3，Y0 和 Y1 立即复位，圆盘停转。

实例 12　圆盘工件箱捷径传送

一个圆盘工作台如图 12-1 所示，周围均匀分布 8 个工位（分别为 0#～7#），在每一工位安装有一个接近开关，用于检测位置信号和一个内置信号灯的按钮，工作台上有一个工件箱，箱下安装一个磁钢，当磁钢转到接近开关上部时，接近开关动作。

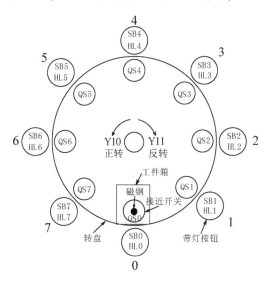

图 12-1　圆盘示意图

当某一工位按下按钮时，对应的指示灯亮，要求无论工件箱在哪一工位，工件箱应沿最近距离转动，到该工位自动停止，当工件箱到该工位时指示灯灭。

控制方案设计

1. 输入/输出元件及控制功能

如表 12-1 所示，介绍了实例 12 中用到的输入/输出元件及控制功能。

表 12-1　输入/输出元件及控制功能

	PLC 软元件	元件文字符号	元件名称	控制功能
输入	X0～X7	SB0～SB7	0#～7#工位按钮	0#～7#工位控制
	X10～X17	SQ0～SQ7	0#～7#工位接近开关	0#～7#工位检测

续表

PLC 软元件	元件文字符号	元 件 名 称	控 制 功 能
Y0～Y7	HL0～HL7	0#～7#信号灯	0#～7#工位信号显示
Y10	K1	继电器 1	圆盘正转
Y11	K2	继电器 2	圆盘反转

输出（Y10、Y11 行位于"输出"合并单元格内）

2．电路设计

圆盘工件箱捷径传送梯形图如图 12-2 所示，接线图如图 12-3 所示。

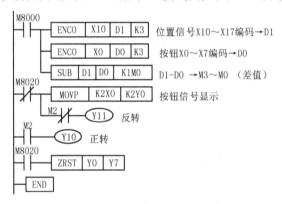

图 12-2　圆盘工件箱捷径传送梯形图

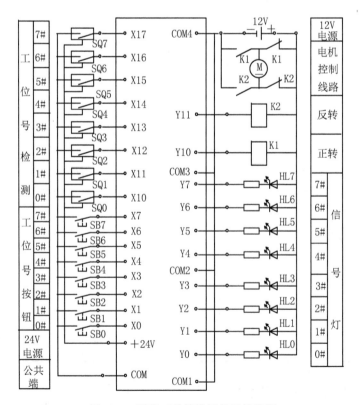

图 12-3　圆盘工件箱捷径传送接线图

3. 控制原理

图 12-2 中，将工位接近开关 X10～X17 所在位置的编号存放到 D1 中，将工位按钮 X0～X7 所在位置的编号存放到 D0 中，根据统计，当两者的差值 D1-D0 为-1～-4 和 4～7 时为正转；当 D1-D0 为-5～-7 和 1～3 时为反转；当 D1=D0 时为停止。将 D1-D0 的值用 4 位二进制数 M3～M0 表示，由表 12-2 可知，当 M2=1 时为正转；当 M2=0 时反转或停；当 M1=0，M0=0，M2=0 时停止。

表 12-2 D1－D0 差值表

圆盘转向	D1－D0	M3	M2	M1	M0
正转	−1	1	1	1	1
	−2	1	1	1	0
	−3	1	1	0	1
	−4	1	1	0	0
反转	−5	1	0	1	1
	−6	1	0	1	0
	−7	1	0	0	1
停转	0	0	0	0	0
反转	1	0	0	0	1
	2	0	0	1	0
	3	0	0	1	1
正转	4	0	1	0	0
	5	0	1	0	1
	6	0	1	1	0
	7	0	1	1	1

在执行 ENCO 指令时，当 X0～X7 全为 0 时 D0 中将保持原来状态。

当 D1－D0=0 时，M8020=1。

实例 13 自动加工机床换刀

一个圆形刀库用于自动加工机床的换刀，在刀库架上装有 7 种刀具，如图 13-1 所示，分别放在 1#～7#位置，每个刀具位置有一个位置传感器，用 7 个按钮 SB1～SB7 分别选择 1#～7#刀具。每个按钮中装有一个信号灯，当选择某把刀具时，按下对应的按钮，按钮中的信号灯亮，同时刀库以最近的方向将刀具送到 0#换刀位，到 0#换刀位时，0#换刀信号灯亮，停留 3s（进行换刀），之后返回到原位，换刀按钮信号灯灭。

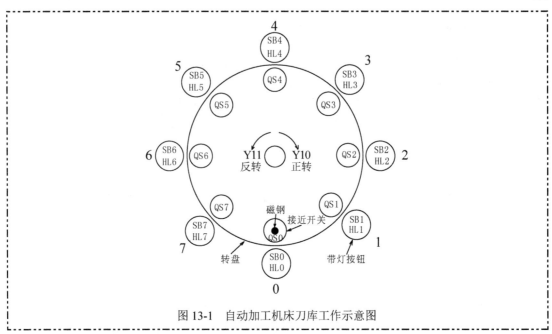

图 13-1 自动加工机床刀库工作示意图

控制方案设计

1．输入/输出元件及控制功能

如表 13-1 所示，介绍了实例 13 中用到的输入/输出元件及控制功能。

表 13-1 输入/输出元件及控制功能

	PLC 软元件	元件文字符号	元 件 名 称	控 制 功 能
输入	X0～X7	SB0～SB7	0#～7#工位按钮	0#～7#工位换刀信号
	X10～X17	SQ0～SQ7	0#～7#工位接近开关	0#～7#工位检测
输出	Y0～Y7	HL0～HL7	0#～7#信号灯	0#～7#工位换刀信号显示
	Y10	K 1	继电器 1	圆盘正转
	Y11	K 2	继电器 2	圆盘反转

2．电路设计

自动加工机床的换刀接线图和梯形图如图 13-2 和图 13-3 所示。

3．控制原理

梯形图如图 13-3 所示，例如，按下 2#工位按钮 SB2，X2 接点闭合，Y2=1，对应信号灯 HL2 亮，Y10 线圈得电自锁，圆盘正转。当 2#工位转到 0#位时，磁钢正好转到 6#位，X16=1，Y2 和 X16 常闭接点同时断开，取反后，M0 发出一个脉冲，M0 常闭接点断开。Y10 线圈失电。圆盘停止，M0 常开接点闭合，Y0 线圈得电自锁，换刀信号灯亮，T0 延时 3s Y0 线圈失电，由于 Y2=1，T0 接点闭合，Y11 线圈得电自锁，圆盘反转，当磁钢反转到 0#位时，接近开关 SQ0 动作，X10=1，X10 上升沿接点产生一个脉冲，M1 得电一个脉冲，Y11 线圈失电，圆盘停止，同时 Y1～Y7 复位，信号灯 HL2 熄灭。

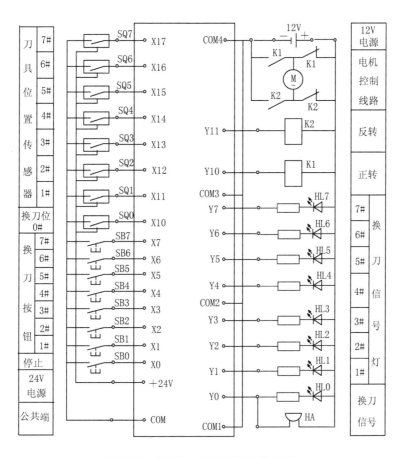

图 13-2　自动加工机床的换刀接线图

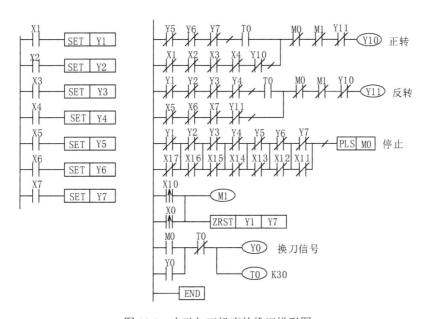

图 13-3　自动加工机床的换刀梯形图

说明：梯形图中采用取反符号将原来的常开接点变成了常闭接点，其目的是将梯形图画得更紧凑。

实例 14　五站点呼叫小车

一辆小车在一条线路上运行，如图 14-1 所示。线路上有 1#～5#共 5 个站点，每个站点各设一个行程开关和一个呼叫按钮。要求无论小车在哪个站点，当某一个站点按下按钮后，小车将自动行进到呼叫点。试用 PLC 对小车进行控制。

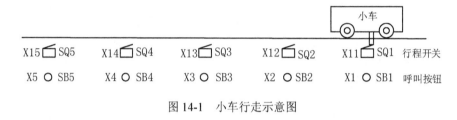

图 14-1　小车行走示意图

控制方案设计

1．输入/输出元件及控制功能

如表 14-1 所示，介绍了实例 14 中用到的输入/输出元件及控制功能。

表 14-1　输入/输出元件及控制功能

	PLC 软元件	元件文字符号	元 件 名 称	控 制 功 能
输入	X1～X5	SB1～SB5	按钮 1～按钮 5	站点呼叫
	X11～X15	SQ1～SQ5	行程开关 1～行程开关 5	行程控制
输出	Y0	KM1	接触器 1	小车前进
	Y1	KM2	接触器 2	小车后退

2．电路设计

如图 14-2 所示为小车行走 PLC 控制图。

3．控制原理

根据梯形图 14-2（c）可知，5 个站点的按钮 X1～X5 分别由 5 个辅助继电器 M1～M5 分别记忆 1#～5#共 5 个站点。当某个按钮按下时，对应的辅助继电器 M 得电自锁，对该站点的按钮信号进行记忆，直到小车到达该站点时才消除。

现设小车在 1#站点，X11=1，梯形图中 X11 常闭接点断开，按 1#按钮无效，M1 不会得电，Y1 线圈也不会得电。此时按下 2#～5#按钮都可以使 Y0 得电，使小车前进。

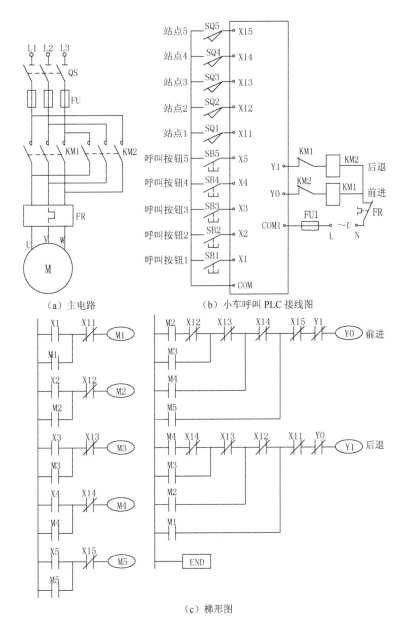

（a）主电路　　　（b）小车呼叫 PLC 接线图

（c）梯形图

图 14-2　小车行走 PLC 控制图

现按下 2#按钮 X2，则 M2=1，Y0 线圈得电，小车前进，到达 2#站点时，X12=1，则 M2=0，Y0 线圈失电，小车停止。

小车停止在 2#站点时，X12=1，其 X12 常闭接点断开。在 Y0 线圈回路中，M1、M2 信号不能使 Y0 线圈得电，而 M3、M4、M5 信号可以使 Y0 线圈得电。在 Y1 线圈回路中，M2、M3、M4、M5 信号不能使 Y0 线圈得电，只有 M1 信号能使 Y1 线圈得电。

综上分析可知，小车停止在某站点时，该站点的限位开关动作。当比该站点编号大的按钮按下时，Y0 线圈得电，小车前进。当比该站点编号小的按钮按下时，Y1 线圈得电，小车后退。

实例 15　八站点呼叫小车

　　一辆小车在一条线路上运行，如图 15-1 所示。线路上有 0#～7#共 8 个站点，每个站点各设一个行程开关和一个呼叫按钮。要求无论小车停在哪个站点，显示该站点的站点号，当某一个站点按下按钮后，显示该站点的按钮号，小车将自动行进到呼叫点。试用 PLC 对小车进行控制。

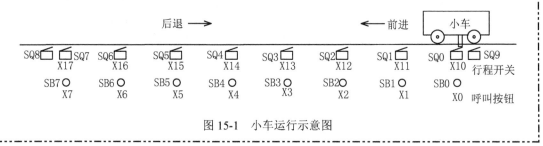

图 15-1　小车运行示意图

控制方案设计

1. 输入/输出元件及控制功能

如表 15-1 所示，介绍了实例 15 中用到的输入/输出元件及控制功能。

表 15-1　输入/输出元件及控制功能

	PLC 软元件	元件文字符号	元 件 名 称	控 制 功 能
输入	X0～X7	SB0～SB7	按钮 0～按钮 7	站点呼叫
	X10～X17	SQ0～SQ7	行程开关 0～行程开关 7	行程控制
输出	Y0～Y6		七段数码管	显示按钮号
	Y20～Y26		七段数码管	显示站点号
	Y10	KM1	接触器 1	小车前进
	Y11	HL	信号灯	小车停止显示
	Y12	KM2	接触器 2	小车后退

2. 电路设计

八站点呼叫小车 PLC 接线图如图 15-2 所示，梯形图如图 15-3 所示。

3. 控制原理

　　PLC 初次工作时，由于按钮 X7～X0 还未按下，D0=0，执行比较指令 CMP D0 K0 M0，比较结果 M1=1，M1 常闭接点断开，不执行比较指令 CMP D0 D1 Y10，没有比较结果。

　　假如小车停在 3#站点，限位开关受压，X13=1，执行译码指令 ENCO X10 D1 K3，结果 D1=3（3#站点）。

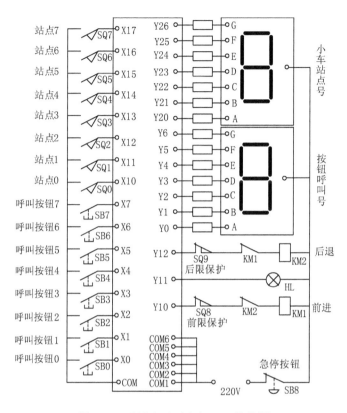

图 15-2 八站点呼叫小车 PLC 接线图

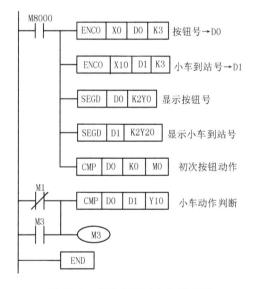

图 15-3 八站点呼叫小车梯形图

如果按下 5#按钮，X5=1，执行译码指令 ENCO X0 D0 K3，结果 D0=5（5#按钮），经比较 D0≠0，M1 常闭接点闭合，M3 线圈得电自锁，接通比较指令 CMP D0 D1 Y10，由于 D1=3，D0=5，D0＞D1，比较结果 Y10=1，小车向前运动，当小车到达 5#站点时，D1=5，执行比较指令 CMP D0 D1 Y10，D0=D1=5，比较结果 Y10=0，Y11=1，Y12=0，小车停止，信号灯 HL 亮。

如果再按下 4#按钮，X4=1，结果 D0=4 执行比较指令 CMP D0 D1 Y10，D0=4，D1=5，D0＜D1，比较结果 Y10=0，Y11=0，Y12=1，小车后退到 4#站点停止。

实例 16　小车五位自动循环往返运行

　　用三相异步电动机拖动一辆小车在 A、B、C、D、E 五点之间自动循环往返运行，小车五位行程控制的示意图如图 16-1 所示。小车初始在 A 点，按下启动按钮，小车依次前进到 B、C、D、E 点，并分别停止 2s 返回到 A 点停止。

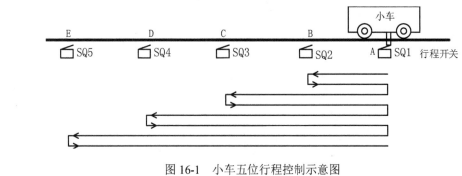

图 16-1　小车五位行程控制示意图

控制方案设计

1．输入/输出元件及控制功能

如表 16-1 所示，介绍了实例 16 中用到的输入/输出元件及控制功能。

表 16-1　输入/输出元件及控制功能

	PLC 软元件	元件文字符号	元 件 名 称	控 制 功 能
输入	X0	SB	启动按钮	启动小车
	X21	SQ1	A 位接近行程开关	A 位点位置
	X22	SQ2	B 位接近行程开关	B 位点位置
	X23	SQ3	C 位接近行程开关	C 位点位置
	X24	SQ4	D 位接近行程开关	D 位点位置
	X25	SQ5	E 位接近行程开关	E 位点位置
输出	Y10	KM1	接触器 1	小车前进
	Y12	KM2	接触器 2	小车后退

2．电路设计

如图 16-2 所示为小车五位行程控制 PLC 接线图，其梯形图如图 16-3 所示。

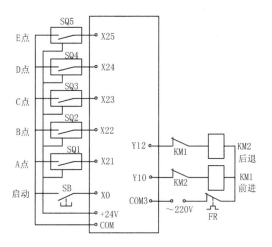

图 16-2　小车五位行程控制 PLC 接线图

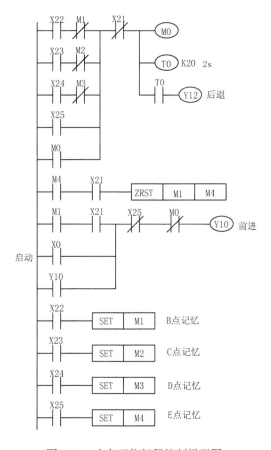

图 16-3　小车五位行程控制梯形图

3．控制原理

启动时按启动按钮 X0，Y10 得电自锁，小车前进，到达 B 点时，接近开关 X22 动作，M0 线圈经 X22 常开接点和 M1 常闭接点闭合并自锁，M0 常闭接点断开 Y10 线圈，小车停止。M1 置位，对 B 点记忆。定时器 T0 延时 2s，T0 常开接点闭合，Y12 线圈得电，小车后退。

小车后退到 A 点时，X21 常闭接点断开，M0 和 Y12 线圈失电。小车停止后退。Y10 线圈得电，小车前进，到达 B 点时，接近开关 X22 动作，但是 M1 常闭接点断开，M0 线圈不能得电，小车继续前进，到达 C 点时，接近开关 X23 动作，M0 线圈经 X23 常开接点和 M2 常闭接点闭合并自锁，M0 常闭接点断开 Y10 线圈，小车停止。M2 置位，对 C 点记忆。定时器 T0 延时 2s，T0 常开接点闭合，Y12 线圈得电，小车后退。

小车后退到 A 点时，下面的动作过程与上类似。

小车最后到达 E 点时，M1～M4 均已置位，小车从 E 点后退到 A 点时，X21 常开接点闭合先对 M1～M4 复位，由于 M1 常开接点断开，X21 常开接点闭合不会使 Y0 线圈得电。小车停止。

分类三 电动机顺序控制

实例 17 三台电动机顺序定时启动，同时停止

用按钮控制三台电动机，按下按钮启动，启动第一台电动机，之后每隔 5s 启动一台电动机，全部启动后，按停止按钮，三台电动机同时停止。

控制方案设计

1. 输入/输出元件及控制功能

如表 17-1 所示，介绍了实例 17 中用到的输入/输出元件及控制功能。

表 17-1 输入/输出元件及控制功能

	PLC 软元件	元件文字符号	元 件 名 称	控 制 功 能
输入	X0	SB1	启动按钮	启动电动机
	X1	SB2	停止按钮	停止电动机
输出	Y0	KM1	接触器 1	控制电动机 1
	Y1	KM2	接触器 2	控制电动机 2
	Y2	KM3	接触器 3	控制电动机 3

2. 电路设计

三台电动机顺序定时启动，同时停止 PLC 接线图和梯形图，如图 17-1 所示。

3. 控制原理

按一下启动按钮 SB1，X0 接点闭合，Y0 先得电并自锁，第一台电动机启动，同时定时器 T0 线圈得电延时 5s，T0 接点动作发出一个脉冲，使 Y1 得电并自锁，第二台电动机启动（由于 T0 接点动作时，Y1 接点未闭合，所以 Y2 不得电，在第二个扫描周期，Y1 接点闭合但 T0 接点断开，所以 Y2 仍不得电），再隔 5s，T0 接点又发出一个脉冲，使 Y2 得电并自锁，第三台电动机启动。

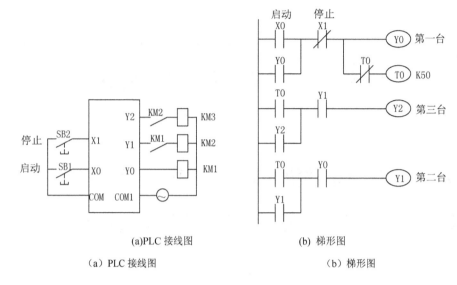

（a）PLC 接线图 （b）梯形图

图 17-1　顺序定时启动，同时停止控制

按一下停止按钮 SB2，X1 接点闭合断开 Y0 线圈，其 Y0 常开接点断开 Y1 线圈，之后 Y1 常开接点又断开 Y2 线圈，三台电动机停止。

图 17-1（b）中梯形图的特点是只用一个定时器。

三台电动机顺序定时启动，同时停止的时序图如图 17-2 所示。

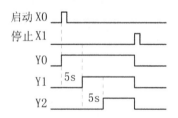

图 17-2　三台电动机顺序定时启动，同时停止时序图

实例 18　三台电动机顺序启动，顺序停止

用一个按钮控制三台电动机，每按一次按钮启动一台电动机，全部启动后，每按一次按钮停止一台电动机，要求先启动的电动机先停止。

控制方案设计

1. 输入/输出元件及控制功能

如表 18-1 所示，介绍了实例 18 中用到的输入/输出元件及控制功能。

表 18-1　输入/输出元件及控制功能

	PLC 软元件	元件文字符号	元件名称	控制功能
输入	X0	SB1	按钮	启动/停止控制
输出	Y0	KM1	接触器 1	控制电动机 1
	Y1	KM2	接触器 2	控制电动机 2
	Y2	KM3	接触器 3	控制电动机 3

2．电路设计

三台电动机顺序启动，顺序停止的 PLC 接线图和梯形图如图 18-1 所示。

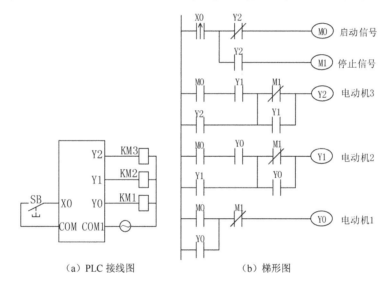

（a）PLC 接线图　　　　　（b）梯形图

图 18-1　三台电动机顺序启动，顺序停止

3．控制原理

按下按钮 SB，X0 上升沿接点使 M0 线圈接通一个扫描周期，M0 接点也接通一个扫描周期，首先接通 Y0 线圈并自锁，启动第一台电动机。（Y0 常开接点在第二个扫描周期接通，但 M0 接点在第二个扫描周期已经断开，所以 Y1 线圈不得电）。

第二次按下按钮 SB，X0 上升沿接点接通一个扫描周期，M0 接点接通 Y1 线圈并自锁，启动第二台电动机。

第三次按下按钮 SB，X0 上升沿接点接通一个扫描周期，M0 接点接通 Y2 线圈并自锁，启动第三台电动机，Y2 接点闭合，为 M1 线圈得电做好准备。

第四次按下按钮 SB，X0 上升沿接点使 M1 线圈接通一个扫描周期，M1 常闭接点断开一个扫描周期，首先断开 Y0 线圈，停止第一台电动机（由于 Y0 常开接点在第一个扫描周期是接通的，M0 常闭接点不能断开 Y1 线圈）。

第五次按下按钮 SB，X0 上升沿接点接通，由于 Y0 常开接点已经断开，M1 常闭接点断开 Y1 线圈，停止第二台电动机。

第六次按下按钮 SB，X0 上升沿接点接通，由于 Y1 常开接点已经断开，M1 常闭接点断开 Y2 线圈，停止第三台电动机。

三台电动机顺序启动，顺序停止控制时序图如图 18-2 所示。

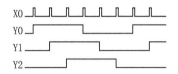

图 18-2 三台电动机顺序启动，顺序停止控制时序图

实例 19 三台电动机顺序启动，逆序停止

控制要求：按启动按钮，启动第 1 台电动机之后，每隔 5s 再启动一台；按停止按钮时，先停下第三台电动机，之后每隔 5s 逆序停下第二台和第一台电动机。

控制方案设计

1. 输入/输出元件及控制功能

如表 19-1 所示，介绍了实例 19 中用到的输入/输出元件及控制功能。

表 19-1 输入/输出元件及控制功能

	PLC 软元件	元件文字符号	元 件 名 称	控 制 功 能
输入	X0	SB1	启动按钮	启动控制
	X1	SB2	停止按钮	停止控制
输出	Y0	KM1	接触器 1	控制电动机 1
	Y1	KM2	接触器 2	控制电动机 2
	Y2	KM3	接触器 3	控制电动机 3

2. 电路设计

三台电动机顺序启动，逆序停止 PLC 接线图和梯形图如图 19-1 所示。

3. 控制原理

按下启动按钮 X0，则 Y0 置位，第一台电动机启动，定时器 T0 得电延时，5s 时 T0 接点首先使 Y1 置位，第二台电动机启动（Y2 线圈由于 Y1 接点未闭合而不能置位得电），Y1 得电后（下一个扫描周期欲接通 Y2 线圈，但 T0 接点已断开，所以 Y2 线圈不得电），同时 Y1 常闭接点断开 Y1 线圈，防止在停止过程再次置位，再过 5s，T0 接点又闭合一个扫描周期，使 Y2 线圈经 Y0、Y1 接点置位，第 3 台电动机启动，启动过程结束。

按下停止按钮 X1，M0 得电自锁，并先使 Y2 复位，停下第三台电动机，M0 接点闭合，为复位 Y1、Y0 做好准备，5s 后，Y1 复位停下第二台电动机，Y1 常闭接点闭合为 Y0

复位做好准备，再过 5s，Y0 复位停下第一台电动机，同时 M0 失电，断开 Y0～Y2 复位回路，T0 失电，断开 Y1、Y2 的置位回路，停止过程结束。

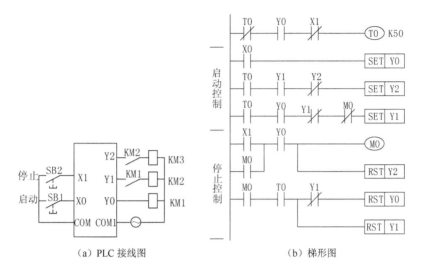

图 19-1 三台电动机顺序启动，逆序停止

时序图如图 19-2 所示。

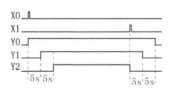

图 19-2 三台电动机顺序启动，逆序停止时序图

实例 20 六台电动机顺序启动，逆序停止

用按钮控制 6 台电动机的启动停止。当按下启动按钮 SB1 时，启动信号灯（Y0）亮，而后每隔 5s 顺序启动一台电动机，直到 6 台电动机全部启动，启动信号灯灭。当按下停止信号 SB2 时，停止信号灯（Y7）亮之后，每隔 3s 逆序停止一台电动机，直到 6 台电动机全部停止后，停止信号灯灭。如果在启动过程中按下停止按钮，则每隔 3s 逆序依次停止已经启动的电动机。按急停按钮 SB3，则全部电动机立即停止。

控制方案设计

1. 输入/输出元件及控制功能

如表 20-1 所示，介绍了实例 20 中用到的输入/输出元件及控制功能。

表 20-1　输入/输出元件及控制功能

	PLC 软元件	元件文字符号	元件名称	控制功能
输入	X0	SB1	启动按钮	顺序启动控制
	X1	SB2	停止按钮	逆序停止控制
	X2	SB3	停止按钮	紧急停止控制
输出	Y0	HL2	信号灯	启动信号
	Y1～Y6	KM1～KM6	接触器 1～6	控制电动机 1～6
	Y7	HL1	信号灯	停止信号

2．电路设计

6 台电动机顺序启动，逆序停止 PLC 接线图和梯形图如图 20-1 所示。

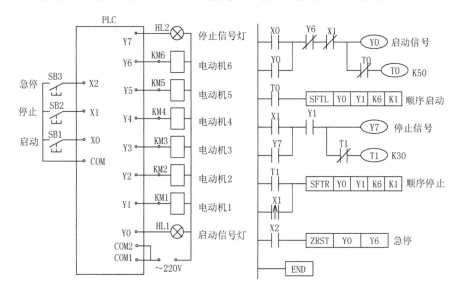

图 20-1　6 台电动机顺序启动，逆序停止 PLC 接线图和梯形图

3．控制原理

启动时按下启动按钮 X0，则 Y0 得电自锁，启动报警信号灯亮。同时定时器 T0 得电延时，延时 5s，T0 常开接点闭合一个扫描周期，执行一次左移，将 Y0 的 1 左移到 Y1，Y1=1，第一台电动机启动。

T0 常闭接点断开一个扫描周期，T0 重新开始延时，T0 每隔 5s 发一个脉冲执行一次左移，使 Y1～Y6 依次得电，即每隔 5s 启动一台电动机，当 Y6=1，最后一台电动机启动后，Y6 常闭接点断开 Y0 和 T0 线圈，启动报警信号灯 HL1 灭，启动过程结束。

按下停止按钮 X1，Y7 得电自锁，停止报警信号灯亮。定时器 T1 得电延时，X1 上升沿接点执行一次右移，将 Y0 的 0 左移到 Y6，Y6=0，第 6 台电动机立即停止。T1 每隔 3s 发一个脉冲执行一次右移，使 Y6～Y1 依次失电，即每隔 3s 停止一台电动机，当 Y1=1，最后一台电动机停止后，Y1 常闭接点断开 Y7 和 T1 线圈，停止报警信号灯 HL2 灭，停止过程结束。

如果在启动过程中按下停止按钮 X1，则 X1 常闭接点断开 Y0 线圈，Y0=0，接通停止信号，同时进行一次右移，逆序停止一台电动机，T1 每隔 3s 发一个脉冲执行一次右移，逆序依次停止已经启动的电动机。

按下急停按钮 X2，Y0～Y6 全部复位，所有电动机全部立即停止。

时序图如图 20-2 所示。

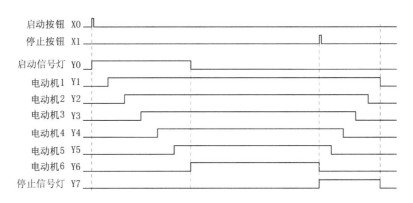

图 20-2　6 台电动机顺序启动，逆序停止时序图

实例 21　两台电动机同时启动，第二台延时停止

控制两台三相异步电动机，启动时按下启动按钮，两台电动机同时启动，按下停止按钮，第一台电动机停止，第二台电动机 10s 后自动停止。第二台电动机可以点动控制。两台电动机均设短路保护和过载保护。试设计两台电动机的主电路、PLC 接线图和梯形图。

控制方案设计

1. 输入/输出元件及控制功能

如表 21-1 所示，介绍了实例 21 中用到的输入/输出元件及控制功能。

表 21-1　输入/输出元件及控制功能

	PLC 软元件	元件文字符号	元件名称	控制功能
输入	X0	SB1	启动按钮	两台电动机启动控制
	X1	SB2	停止按钮	两台电动机停止控制
	X2	SB3	点动按钮	第二台电动机点动控制
输出	Y0	KM1	接触器 1	控制第一台电动机
	Y1	KM2	接触器 2	控制第二台电动机

2．电路设计

两台电动机控制主电路和接线图如图 21-1 所示，梯形图如图 21-2 所示。

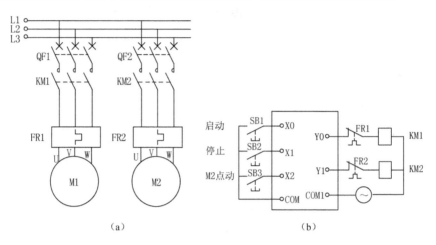

图 21-1　两台电动机控制主电路和接线图

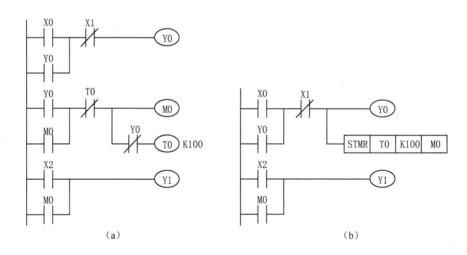

图 21-2　两台电动机控制梯形图

3．控制原理

主电路中断路器 QF1 和 QF2 分别用于两台电动机的电源开关和短路保护，热继电器 FR1 和 FR2 用于两台电动机的过载保护。

梯形图 21-1（a）：启动时按下启动按钮 X0，Y0 线圈得电自锁，接触器 KM1 得电，第一台电动机 M0 启动。同时 Y0 常开接点闭合，M0 线圈得电自锁，M0 常开接点闭合，Y1 得电，第二台电动机也同时启动。

按下停止按钮 X1，Y0 线圈失电，第一台电动机停止，Y0 常闭接点闭合，T0 得电延时，10s 后 T0 常闭接点断开，M0 失电，M0 常开接点断开，Y1 失电，第二台电动机停止。

按下点动按钮 X2，Y1 线圈得电第二台电动机启动。松开点动按钮 X2，Y1 线圈失电第二台电动机停止。

梯形图 21-1（b）：特殊定时器 STMR 的 M0 相当于一个断电延时定时器，和梯形图 2-12（a）由 M0 和 T0 组成的等效断电延时定时器一样。其他和梯形图 21-1（a）一样。

实例 22　两台电动机限时启动，限时停止

某生产机械有两台三相异步电动机，启动时要求先启动第一台电动机，启动 10s 后才能启动第二台电动机。停止时，要求先停止第二台电动机，10s 后才能停止第一台电动机。两台电动机均设短路保护和过载保护。试设计两台电动机的主电路、PLC 接线图和梯形图。

控制方案设计

1．输入/输出元件及控制功能

如表 22-1 所示，介绍了实例 22 中用到的输入/输出元件及控制功能。

表 22-1　输入/输出元件及控制功能

	PLC 软元件	元件文字符号	元 件 名 称	控 制 功 能
输入	X0	SB1	启动按钮	第一台电动机启动控制
	X1	SB2	停止按钮	第一台电动机停止控制
	X2	SB3	启动按钮	第二台电动机启动控制
	X3	SB4	停止按钮	第二台电动机停止控制
输出	Y0	KM1	接触器 1	控制第一台电动机
	Y1	KM2	接触器 2	控制第二台电动机

2．电路设计

两台电动机限时启动，限时停止控制主电路和接线图如图 22-1 所示，其梯形图如图 22-2 所示。

3．控制原理

主电路中断路器 QF1 和 QF2 分别用于两台电动机的电源开关和短路保护，热继电器 FR1 和 FR2 用于两台电动机的过载保护。

梯形图 22-2（a）：启动时按下启动按钮 X0，Y0 和 T0 线圈得电自锁，接触器 KM1 得电，第一台电动机 M1 先启动，T0 延时 10s 后接点闭合，为 Y1 得电和第二台电动机启动做好准备。

按下启动按钮 X2，Y1 得电自锁，第二台电动机 M2 启动，Y1 上升沿接点使 M0 得电自锁，M0 常开接点闭合，使第一台电动机不能停止，按钮 X1 不起作用。

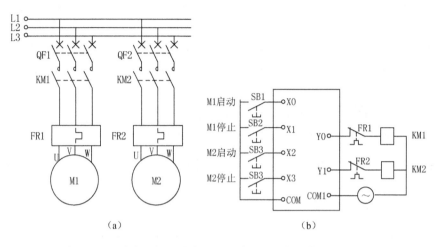

图 22-1　两台电动机限时启动，限时停止控制主电路和接线图

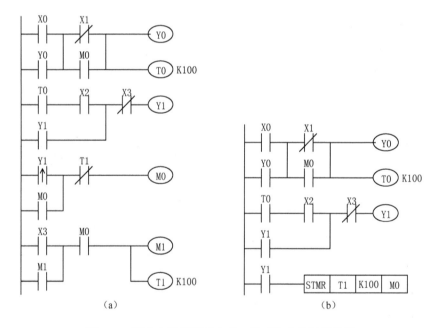

图 22-2　两台电动机限时启动，限时停止控制梯形图

　　按下第二台电动机停止按钮 X3，Y1 线圈失电，第二台电动机停止，同时 T1 得电延时 10s 后 T1 常闭接点断开，M0 失电，M0 常开接点断开，M1 和 T1 失电，此时再按下停止按钮 X1 才能使 Y0 失电，停止第一台电动机 M1。

　　梯形图 22-2（b）：启动时按下启动按钮 X0，Y0 和 T0 线圈得电自锁，接触器 KM1 得电，第一台电动机 M1 先启动，T0 延时 10s 后接点闭合，为 Y1 得电，第二台电动机启动做好准备。

　　按下启动按钮 X2，Y1 得电自锁，第二台电动机 M2 启动，Y1 常开接点闭合，接通特殊定时器，M0 相当于一个断电延时定时器，所以 M0 常开接点立刻闭合，使第一台电动机不能停止，按钮 X1 不起作用。

按下第二台电动机停止按钮 X3，Y1 线圈失电，第二台电动机停止，同时特殊定时器失电，M0 常开接点仍然闭合，T1 延时 10s 后 M0 失电，M0 常开接点断开，此时再按下停止按钮 X1 才能使 Y0 失电，停止第一台电动机 M1。

实例 23 电动机软启动、停止控制

用一个按钮控制一台电动机软启动、停止。要求按一下按钮，电动机从零线性增速到额定转速，再按一下按钮，电动机从额定转速线性减速到零速。

控制方案设计

1. 输入/输出元件及控制功能

如表 23-1 所示，介绍了实例 23 中用到的输入/输出元件及控制功能。

表 23-1 输入/输出元件及控制功能

	PLC 软元件	元件文字符号	元件名称	控制功能
输入	X0	SB	控制按钮	电动机启动/停止控制
输出	Y0			脉冲宽度输出

2. 电路设计

电动机软启动停止 PLC 接线图如图 23-1 所示，梯形图如图 23-2 所示。

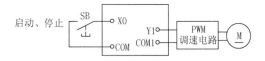

图 23-1 电动机软启动停止 PLC 接线图

3. 控制原理

设置 M8026=1，在执行 RAMP 指令时，保持终值不变。按下按钮 X0，M0 由 0→1，M0 上升沿接点闭合一个扫描周期，将斜波控制的初值 0 传送到 D10 中，将斜波控制的终值 100 传送到 D11 中。

RAMP 和 PWM 指令断开一个扫描周期，开始执行 RAMP 和 PWM 指令。D12 中的值在 1000 个扫描周期内从初值 0 线性变化到终值 100，由于 M8026=1，所以保持终值 100 不变，如图 23-3 所示。

执行 PWM 指令，Y1 的输出占空比由 0 线性变化到 100/120，电动机的转速由 0 线性变化到额定转速。

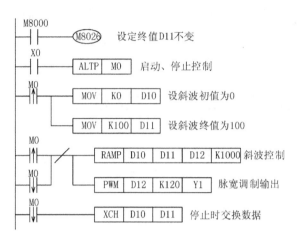

图 23-2 电动机软启动停止梯形图

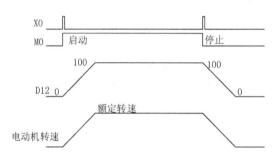

图 23-3 电动机软启动停止时序图

再按下按钮 X0，M0 由 1→0，M0 下降沿接点闭合一个扫描周期，执行交换指令 XCH，交换 D10 和 D11 的值，交换后，D10 中的初值为 100，D11 中的终值为 0。RAMP 和 PWM 指令再断开一个扫描周期，开始执行 RAMP 和 PWM 指令。D12 中的值在 1000 个扫描周期内从初值 100 线性变化到终值 0，电动机从额定转速线性减速到零速。

实例 24 组合钻床

某组合钻床如图 24-1 所示，用于在圆形工件上钻 6 个均匀分布的孔。大小钻用三相异步电动机驱动，其他均由液压系统驱动。

操作人员放好工件后，按下启动按钮，主电机启动，大小两只钻头同时转动，夹紧电磁阀 Y0 得电，夹紧装置下移将工件夹紧，夹紧后限位开关 X1 动作，大小钻头下降，电磁阀 Y1、Y3 得电，大小钻头同时开始向下进给。

大钻头钻到位时，大钻头下限位开关 X2 动作，大钻上升电磁阀 Y2 得电使大钻上升，升到大钻原限位开关 X3 时停止。小钻头钻到位时，小钻头下限位开关 X4 动作，小钻上升电磁阀 Y4 得电使大钻上升，升到小钻原限位开关 X5 时停止。

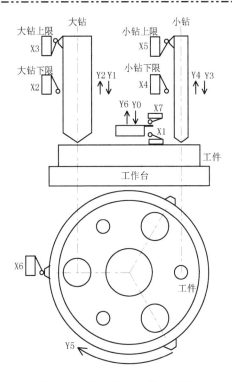

图 24-1　组合钻床工作示意图

两个钻头都到位后，工作台 Y5 得电，工件旋转 120°，限位开关 X6 动作，工作台停止，又开始钻第二对孔。孔钻 3 次后，放松电磁阀 Y6 得电，夹紧装置上移将工件松开，松开到位时，限位开关 X7 动作，完成一次加工。

控制方案设计

1．输入/输出元件及控制功能

如表 24-1 所示，介绍了实例 24 中用到的输入/输出元件及控制功能。

表 24-1　输入/输出元件及控制功能

	PLC 软元件	元件文字符号	元 件 名 称	控 制 功 能
输入	X0	SB1	按钮	启动按钮
	X1	SQ1	限位开关	夹紧开关
	X2	SQ2	限位开关	大钻下限位开关
	X3	SQ3	限位开关	大钻上限位开关
	X4	SQ4	限位开关	小钻下限位开关
	X5	SQ5	限位开关	小钻上限位开关
	X6	SQ6	限位开关	圆盘转位开关
	X7	SQ7	限位开关	松开限位开关
	X10	SB2	按钮	停止按钮

续表

	PLC 软元件	元件文字符号	元 件 名 称	控 制 功 能
输出	Y0	YV1	电磁阀	工件夹紧
	Y1	YV2	电磁阀	大钻下降
	Y2	YV3	电磁阀	大钻上升
	Y3	YV4	电磁阀	小钻下降
	Y4	YV5	电磁阀	小钻上升
	Y5	YV6	电磁阀	工作台转动
	Y6	YV7	电磁阀	工件放松
	Y7	KM	接触器	大钻小钻电动机转动

2．电路设计

组合钻床 PLC 接线图如图 24-2 所示，梯形图如图 24-3 所示。

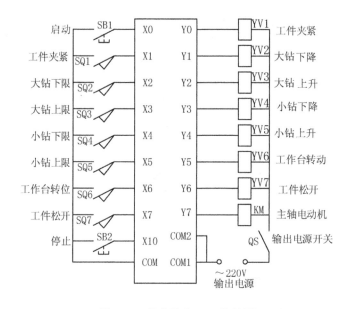

图 24-2　组合钻床 PLC 接线图

3．控制原理

PLC 初次运行时，初始化脉冲 M8002 使 M8034 得电自锁，禁止 Y 输出，并将初始步 S0 置位。按下启动按钮 X0，S520 置位，Y7 置位，电动机得电。夹紧电磁阀 Y0 得电，夹紧装置下移将工件夹紧，夹紧后限位开关 X1 动作，S521 和 S523 同时置位。

S521 置位，电磁阀 Y1 得电，大钻下降。大钻头钻到位时，大钻头下限位开关 X2 动作，S522 置位，电磁阀 Y2 得电使大钻上升，升到大钻原限位开关 X3 时 Y2 失电停止。

S523 置位，电磁阀 Y3 得电，小钻下降。小钻头钻到位时，小钻头下限位开关 X4 动作，S524 置位，电磁阀 Y4 得电使小钻上升，升到小钻原限位开关 X5 时 Y4 失电停止。

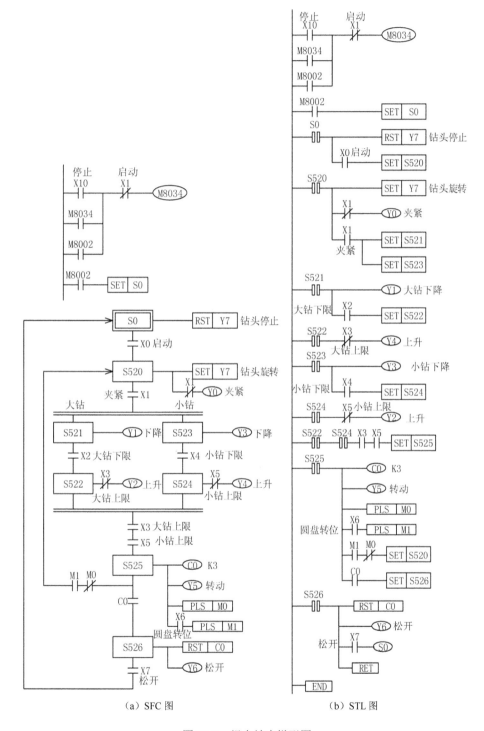

（a）SFC 图　　　　　　（b）STL 图

图 24-3　组合钻床梯形图

两个钻头都到位后 X3 和 X5 接通，S525 置位，计数器 C0 计数一次，Y5 得电，旋转 120°，限位开关 X6 动作，工作台停止。S520 置位，又开始钻第二对孔。孔钻 3 次后，放松电磁阀 Y6 得电，夹紧装置上移将工件松开，松开到位时，限位开关 X7 动作，完成一次加工。（注意：从 S525 转移到 S520 的转换条件不能直接用 X6，这是因为限位开关 X6 正常就是处于动作状态下的，这样当 S525 置位时，由于 X6 接点闭合，就会立即跳转到 S520，使 Y5 不能得电，用图 24-3 所示的脉冲接点 M0、M1 则可避免这种现象，请自行分析，或参阅《电气可编程控制原理与应用》）。

　　当计数器 C0 计数值为 3 时，S526 置位，将计数器 C0 的计数值复位，Y6 得电，夹紧装置上移将工件松开，限位开关 X7 动作，夹紧装置停止，返回到初始步 S0，工件加工结束。

分类四 移位控制

实例 25 七位单点移位

用一个开关控制 7 个灯，每秒钟亮一个灯，从左到右依次闪亮，不断重复上述循环过程。

控制方案设计

1. 输入/输出元件及控制功能

如表 25-1 所示，介绍了实例 25 中用到的输入/输出元件及控制功能。

表 25-1 输入/输出元件及控制功能

	PLC 软元件	元件文字符号	元 件 名 称	控 制 功 能
输入	X0	SA	开始移动开关	移动开始
输出	Y0～Y6	EL1～EL7	灯 1～灯 7	7 个灯依次闪亮

2. 电路设计

七位单点移位 PLC 接线图和梯形图如图 25-1 所示。

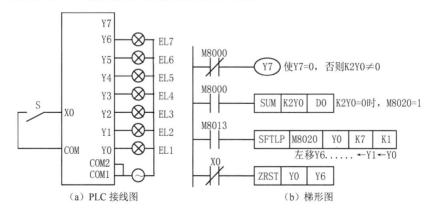

（a）PLC 接线图　　　　　　（b）梯形图

图 25-1 七位单点移位

57

3．控制原理

初始状态下，M8000 常闭接点断开，使 Y7=0，否则如果 Y7 可以用在其他地方，使 K2Y0≠0。控制开关 S 断开，X0 常闭接点闭合，Y7～Y0 均为 0。执行 SUM 指令，D0=0，所以零位标志 M8020=1。

闭合控制开关 S，X0 常闭接点断开，M8013 每隔 1s 发出一个脉冲，M8013 的脉冲控制左移指令 SFTLP，M8013 第一个脉冲将 M8020 中的 1 左移到 Y0，Y0=1，这时，K2Y0 不为 0，D0 也不为 0，所以零位标志 M8020=0。M8013 第二个脉冲将 M8020 中的 0 左移到 Y0，Y0=0，Y1=1，之后，K2Y0 和 D0 也不再为 0，零位标志 M8020=0，一直到 Y6=1，再左移一次，Y6 由 1 变为 0 时，Y7～Y0 又为 0，执行 SUM 指令，D0=0，零位标志 M8020=1。又执行左移指令 SFTLP，并不断执行上述过程。

当控制开关 S 断开，Y6～Y0 全部复位为 0。

实例 26　八位单点自动左右移位

用一个开关控制 8 个灯，每秒钟亮一个灯，从左到右依次闪亮，然后再从右到左依次闪亮，不断重复上述循环过程。

控制方案设计

1．输入/输出元件及控制功能

如表 26-1 所示，介绍了实例 26 中用到的输入/输出元件及控制功能。

表 26-1　输入/输出元件及控制功能

	PLC 软元件	元件文字符号	元 件 名 称	控 制 功 能
输入	X0	SA	开始移动开关	移动开始
输出	Y0～Y7	EL1～EL8	灯 1～灯 8	8 个灯依次闪亮

2．电路设计

八位单点自动左右移位 PLC 接线图和梯形图如图 26-1 所示。

3．控制原理

初始状态下，控制开关 S 断开，X0 常闭接点闭合，Y7～Y0 均为 0，执行 SUM 指令，D0=0，所以零位标志 M8020=1。

闭合控制开关 S，定时器 T0 得电，T0 每隔 1s 发出一个脉冲，由于 M0 未得电，M0 常闭接点闭合，T0 的脉冲控制左移指令 SFTLP，T0 第一个脉冲将 M8020 中的 1 左移到 Y0，Y0=1，这时，K2Y0 不为 0，D0 也不为 0，所以零位标志 M8020=0。T0 第二个脉冲将 M8020 中的 0 左移到 Y0，Y0=0，Y1=1，之后，K2Y0 和 D0 也不再为 0，零位标志 M8020=0，一直到 Y7=1，再左移一次，Y7 由 1 变为 0 时，Y7～Y0 又为 0，执行 SUM 指令，D0=0，零位标志 M8020=1。Y7 下降沿接点将 M0 置 1，M0 常开接点闭合，T0 的脉冲控制右移指令 SFTRP，Y7~Y0 实现从 Y7→Y0 单点右移。一直到 Y0=1，再左移一次，Y0 由 1 变为 0 时，Y0 的下降沿接点将 M0 置 0，M0 常闭接点闭合，又执行左移指令 SFTLP。并不断执行上述过程。当控制开关 S 断开，Y7~Y0 全部复位为 0。

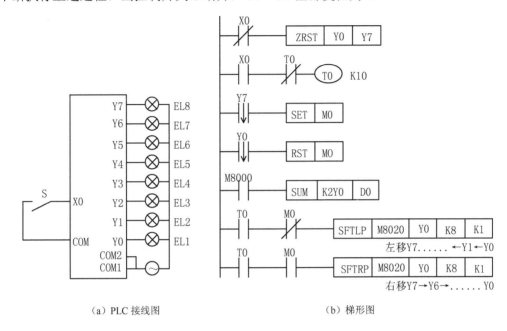

（a）PLC 接线图　　　　　　　　　　　（b）梯形图

图 26-1　八位单点自动左右移位

实例 27　点数可调的单点移位

> 控制多个灯，当开关闭合时每秒钟亮一个灯，依次闪亮，并不断循环。要求控制闪亮的灯数在 2~16 个之间可以调节。

控制方案设计

1. 输入/输出元件及控制功能

如表 27-1 所示，介绍了实例 27 中用到的输入/输出元件及控制功能。

表 27-1　输入/输出元件及控制功能

	PLC 软元件	元件文字符号	元 件 名 称	控 制 功 能
输入	X0	SB1	按钮	设定移动位数
	X1	SA	开始移动开关	移动开始
输出	Y0，…，Y17[①]	EL1，…，EL16	灯 1，…，灯 16	多个灯依次闪亮

① Y0~Y17 为八进制数，其中 Y8、Y9 为空缺。本书 X0、Y0 均采用八进制。

2．电路设计

点数可调的单点移动控制 PLC 接线图和梯形图，如图 27-1 所示。

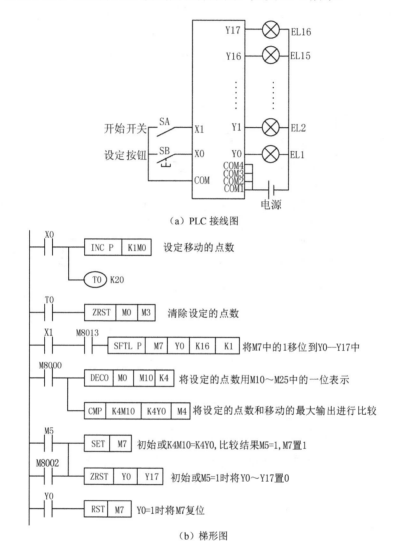

（a）PLC 接线图

（b）梯形图

图 27-1　点数可调的单点移动控制

3．控制原理

用按钮 X0 设定可移动的点数，每按一次，可移动的点数增加 1 点，设定的点数存放在 K1M0 中，如果要重新设定移动的点数，按钮 X0 按下的时间大于 2s，就可以将设定值 K1M0 清零，之后再快速按动按钮 X0，设定可移动的点数。

将设定值 K1M0 解码，用 M25～M10 表示，如图 27-2 所示。例如，设定值 K1M0=1010，解码后 M20=1，可移动的点数为 Y0～Y11，共 10 点。

初始化脉冲 M8002 首先将左移指令 SFTL 中的数据 M7 置 1，Y17～Y0 置 0。

闭合开关 X1，秒脉冲 M8013 的上升沿对左移指令 SFTL 开始移位。首先将 M7 中的 1 移到 Y17～Y0 中，Y0=1，之后 Y0 接点闭合，将 M7 置 0。确保 Y17～Y0 中只有一个为 1。当左移到 Y12=1 时，K4M10=K4Y0，比较结果使 M5=1，重新置 M7=1，并将 Y0～Y17 全部清零。完成一次移位过程，之后又重复上述移位过程。

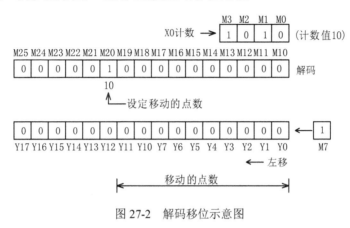

图 27-2　解码移位示意图

实例 28　5 行 8 列 LED 矩阵依次发光控制

用移位指令控制一个 5 行 8 列的发光二极管的矩阵块，要求矩阵发光二极管灯从左到右，从上到下，每个发光二极管灯顺次发光 0.5s，并周而复始。

控制方案设计

1．输入/输出元件及控制功能

如表 28-1 所示，介绍了实例 28 中用到的输入/输出元件及控制功能。

表 28-1　输入/输出元件及控制功能

	PLC 软元件	元件文字符号	元 件 名 称	控 制 功 能
输入	X0	SA	开关	控制
输出	Y0～Y7			列输出
	Y10～Y14			行输出

2．电路设计

5 行 8 列 LED 矩阵依次发光控制接线图如图 28-1 所示，梯形图如图 28-2 所示。

3．控制原理

合上控制开关 SA，X0=1，进入控制状态。

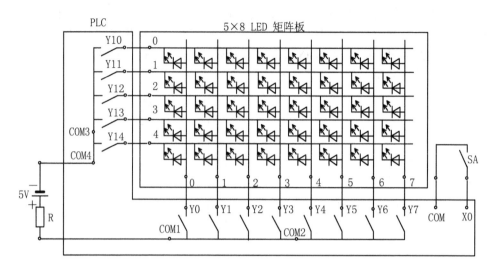

图 28-1　5 行 8 列 LED 矩阵接线图

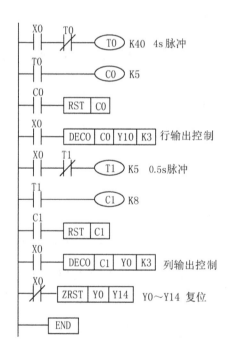

图 28-2　5 行 8 列 LED 矩阵控制梯形图

定时器 T0 每隔 4s 发一个脉冲，计数器 C0 对 T0 的脉冲进行计数，C0 是一个循环计数器，计数值为 5，执行 DECO 译码指令，将 C0 计数值 0～4 译码，结果分别对应于 Y10～Y14，Y10～Y14 依次每隔 4s 接通，控制矩阵的行输出。

定时器 T1 每隔 0.5s 发一个脉冲，计数器 C1 对 T1 的脉冲进行计数，C1 是一个循环计数器，计数值为 8，执行 DECO 译码指令，将 C1 计数值 0～7 译码，结果分别对应于 Y0～Y7，Y0～Y7 依次每隔 0.5s 接通，控制矩阵的列输出。

实例 29　条码图

在电路的控制中，在改变电路的数据时，用如图 29-1 所示的条形图显示数据，具有直观清楚的效果。图中有 16 个发光二极管，初始时有 8 个发光二极管亮，按动减按钮，减少条形图的发光长度；按动加按钮，增加条形图的发光长度。

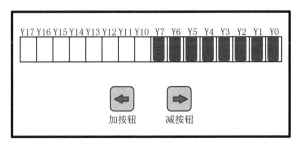

图 29-1　条码图

控制方案设计

1. 输入/输出元件及控制功能

如表 29-1 所示，介绍了实例 29 中用到的输入/输出元件及控制功能。

表 29-1　输入/输出元件及控制功能

	PLC 软元件	元件文字符号	元 件 名 称	控 制 功 能
输入	X0	SB1	按钮	增加条形图的发光长度
	X1	SB2	按钮	减少条形图的发光长度
输出	Y0～Y17	HL1～HL16	16 位条码	显示 16 位发光二极管

2. 电路设计

条码图控制 PLC 接线图如图 29-2 所示，梯形图如图 29-3 所示。

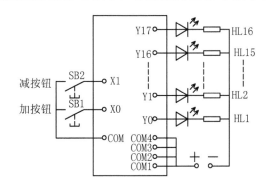

图 29-2　条码图控制 PLC 接线图

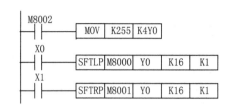

图 29-3　条码图控制梯形图

3. 控制原理

十进制数 K255 等于二进制数 0000000011111111，PLC 运行时初始化脉冲 M8002 产生一个脉冲，将常数 K255 传送到 K4Y0，结果 Y7～Y0 得电，发光二极管 HL1～HL8 得电发光。

PLC 运行时，M8000=1，M8001=0。

按下加按钮 X0，执行左移指令 SFTLP，原数据 0000000011111111 左移一位，M8000 的 1 传送给最右端的低位 Y0，移位的结果为 K4Y0=0000000111111111，Y10～Y0 得电。

如果按下减按钮 X1，执行右移指令 SFTRP，原数据 0000000011111111 右移一位，M8001 的 0 传送给左端的最高位 Y17，移位的结果为 K4Y0=0000000001111111，Y6～Y0 得电。条码图控制原理图如图 29-4 所示。

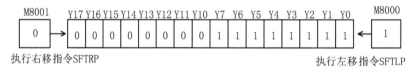

图 29-4　条码图控制原理图

实例 30　广告灯一

控制一组 8 个彩色广告灯，如图 30-1 所示。启动时，要求 8 个彩色广告灯从右到左逐个点亮；全部点亮时，再从左到右逐个熄灭。全部灯熄灭后，再从左到右逐个点亮，全部灯点亮时，再从右到左逐个熄灭，并周而复始上述过程。

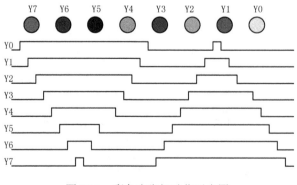

图 30-1　彩色广告灯动作示意图

控制方案设计

1. 输入/输出元件及控制功能

如表 30-1 所示，介绍了实例 30 中用到的输入/输出元件及控制功能。

表 30-1　输入/输出元件及控制功能

	PLC 软元件	元件文字符号	元件名称	控制功能
输出	Y0～Y7	EL1～EL8	彩色灯	8 个彩色广告灯动态闪光

2. 电路设计

8 个彩色广告灯 PLC 控制接线图和梯形图，如图 30-2 所示。

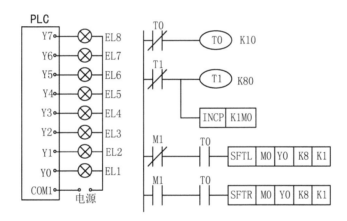

图 30-2　彩色广告灯 PLC 控制接线图和梯形图

3. 控制原理

定时器 T0 每隔 1s 发一个脉冲，用于左移和右移的移位信号。

定时器 T1 每隔 8s 发一个脉冲，用于对 K1M0 的加 1 计数控制。

功能指令 INCP K1M0 组成一个加 1 计数器，计数值用 K1M0 表示，其中 M1、M0 的计数值用于左右移位的控制，其结果如表 30-2 所示。

表 30-2　计数值和控制结果的对应关系

T1 脉冲	M1	M0	控制结果
0	0	1	左移，逐渐点亮
1	1	0	右移，逐渐熄灭
2	1	1	右移，逐渐点亮
3	0	0	左移，逐渐熄灭

PLC 开始运行时，T1 常闭接点闭合，执行一次 INCP K1M0 指令，K1M0=0001，M1=0，M0=1，M1 常闭接点闭合，执行左移指令 SFTL，T0 每隔 1s 发一个脉冲，将 M0 的 1 依次左移到 Y0～Y7 中，EL1～EL8 依次点亮。

T1 隔 8s 发一个脉冲，执行一次 INCP K1M0 指令 K1M0=0010，M1=1，M0=0，M1 常开接点闭合，执行右移指令 SFTL；T0 每隔 1s 发一个脉冲，将 M0 的 0 依次右移到 Y7～Y0 中，EL8～EL1 依次熄灭。

T1 再隔 8s 发一个脉冲，执行一次 INCP K1M0 指令 K1M0=0011，M1=1，M0=1，M1 常开接点闭合，执行右移指令 SFTL；T0 每隔 1s 发一个脉冲，将 M0 的 1 依次右移到 Y7～Y0 中，EL8～EL1 依次点亮。

T1 再隔 8s 发一个脉冲，执行一次 INCP K1M0 指令 K1M0=0100，M1=0，M0=0，M1 常闭接点闭合，执行左移指令 SFTL；T0 每隔 1s 发一个脉冲，将 M0 的 0 依次左移到 Y0～Y7 中，EL1～EL8 依次熄灭。

T1 每隔 8s 发一个脉冲，不断重复上述过程。

实例 31　广告灯二

控制一组 8 个彩色广告灯，如图 31-1 所示。启动时，要求 8 个彩色广告灯从右到左逐个点亮，全部灯点亮 10s 时，再从左到右逐个熄灭；全部灯熄灭 2s 后，再从左到右逐个点亮；全部灯点亮 10s 时，再从右到左逐个熄灭；全部灯熄灭 2s 时，从左到右逐个点亮；全灯部点亮 10s 时，再右到左逐个熄灭；全部灯熄灭 2s 时，再从右到左逐个点亮；全部灯点亮 10s 时，再从左到右逐个熄灭；全部灯熄灭 2s 时再重复上述过程。

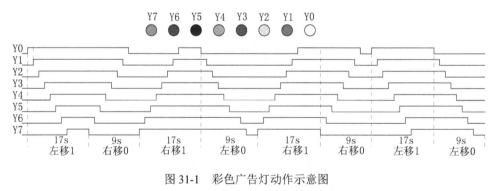

图 31-1　彩色广告灯动作示意图

控制方案设计

1. 输入/输出元件及控制功能

如表 31-1 所示，介绍了实例 31 中用到的输入/输出元件及控制功能。

表 31-1 输入/输出元件及控制功能

	PLC 软元件	元件文字符号	元件名称	控制功能
输出	Y0~Y7	EL1~EL8	彩色灯	8 个彩色广告灯动态闪光

2. 电路设计

8 个彩色广告灯 PLC 控制接线图和梯形图如图 31-2 所示。

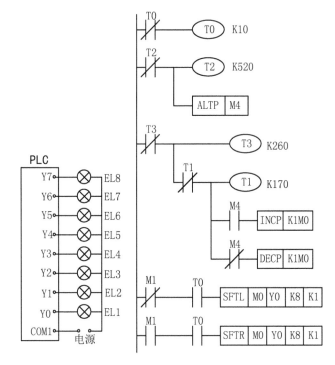

图 31-2 彩色广告灯 PLC 控制接线图和梯形图

3. 控制原理

广告灯二和广告灯一的控制原理基本是一样的。不同的是广告灯二增加了一个减 1 指令来控制左右移的数据;第二个是全亮的时间为 10s,全灭的时间为 2s。

定时器 T0 每隔 1s 发一个脉冲,用于左移和右移的移位信号。

定时器 T2 用于前 52s 接通加 1 指令 INCP,后 52s 接通减 1 指令 DECP。

定时器 T1 和 T3 是将时间 26s 分成 17s 和一个 9s,也就是 17s 执行一次 DECP 或 INCP 指令,再过 9s 执行一次 DECP 或 INCP 指令。

其他控制原理基本与广告灯一是一样的。

分类五 电气设备顺序控制

实例 32 汽车自动清洗机

一台汽车自动清洗机，用于对汽车进行清洗，对该机的动作要求如下：

将汽车开到清洗机上，工作人员按下启动按钮，清洗机带动汽车开始移动，同时打开喷淋阀门对汽车进行冲洗。当检测开关检测到汽车达到刷洗距离时，旋转刷子开始旋转，对汽车进行刷洗。

当检测到汽车离开清洗机时，清洗机停止移动，旋转刷子停止，喷淋阀门关闭，清洗结束。

按停止按钮，全部动作停止。

控制方案设计

1. 输入/输出元件及控制功能

如表 32-1 所示，介绍了实例 32 中用到的输入/输出元件及控制功能。

表 32-1 输入/输出元件及控制功能

	PLC 软元件	元件文字符号	元 件 名 称	控 制 功 能
输入	X0	SB1	启动按钮	启动清洗机
	X1	SB2	停止按钮	停止清洗机
	X2	SQ	检测开关	检测汽车达到刷洗距离
输出	Y0	YV	电磁阀线圈	控制喷淋阀门
	Y1	KM1	接触器 1	控制清洗机移动
	Y2	KM2	接触器 2	控制旋转刷子旋转

2. 电路设计

汽车自动清洗机 PLC 接线图和梯形图如图 32-1 所示。

3. 控制原理

按下启动按钮 X0 时，输出继电器 Y0、Y1 同时得电自锁（实际上可以用一个输出继电器 Y0 在输出电路同时控制清洗机喷淋阀门），清洗机移动并打开清洗机喷淋阀门。当清洗机上的汽车移动到检测开关 X2 时，X2 接点动作接通 Y2，旋转刷子开始旋转，对汽车进行刷洗，当汽车离开检测开关 X2 时，X2 接点断开，M0 产生一个下降沿脉冲，其 M0 常闭接点断开自锁回路，全部输出断开，清洗过程结束。

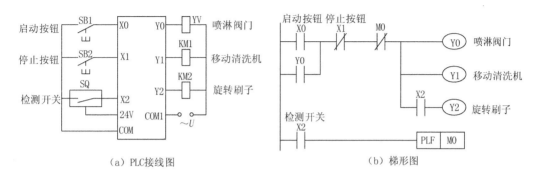

（a）PLC接线图　　　　　　　　　　　　（b）梯形图

图 32-1　汽车自动清洗机 PLC 接线图和梯形图

实例 33　搅拌器自动定时搅拌

如图 33-1 所示为一台搅拌器，它用于搅拌两种液体。初始状态液缸中无液体，电动机和三个电磁阀均不得电，阀门处于关闭状态。

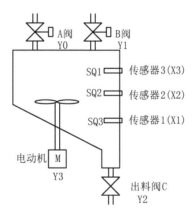

图 33-1　搅拌器示意图

工作时，按下启动按钮，A、B 两阀同时得电打开，开始进料。A 阀 30s 后关闭，B 阀继续放料，当液位达到传感器 2 时，搅拌电动机启动，进行液体搅拌。当液位达到传感器 3 时，B 阀关闭。5min 后，搅拌电动机停止。同时，出料阀 C 打开，放料。当液位低于传感器 1 时，再延时 10s 关闭出料阀 C，完成一个工作周期。

该系统要求有单周期工作、连续工作两种工作方式。单周期即按启动按钮后，只完成上述一个工作周期，连续工作为反复执行上述单周期工作过程。

控制方案设计

1．输入/输出元件及控制功能

如表 33-1 所示，介绍了实例 33 中用到的输入/输出元件及控制功能。

表 33-1　输入/输出元件及控制功能

	PLC 软元件	元件文字符号	元件名称	控制功能
输入	X0	SB	启动按钮	搅拌器启动
	X1	SQ1	液位传感器 1	液位 1 检测
	X2	SQ2	液位传感器 2	液位 2 检测
	X3	SQ3	液位传感器 3	液位 3 检测
	X4	SA	开关	连续或单周期工作方式选择
输出	Y0	YV1	电磁阀线圈 1	控制进料 A 电磁阀
	Y1	YV2	电磁阀线圈 2	控制进料 B 电磁阀
	Y2	YV3	电磁阀线圈 3	控制出料 C 电磁阀
	Y3	KM	接触器	控制搅拌电动机

2．电路设计

搅拌器自动定时搅拌 PLC 接线图和状态转移图如图 33-2 所示。

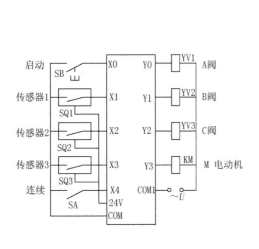

（a）搅拌器 PLC 接线图

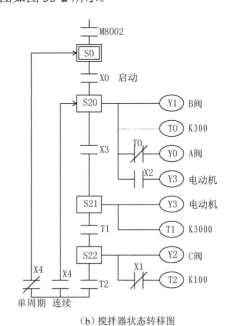

（b）搅拌器状态转移图

图 33-2　搅拌器自动定时搅拌

3．控制原理

PLC 运行时，初始化脉冲 M8002 使状态器 S0 置位。

按下启动按钮 X0，S20 置位，Y0、Y1 得电，A、B 阀同时打开进料，定时器 T0 延时 30s 断开 Y0，A 阀关闭、B 阀继续，当液位达到传感器 2 时，Y3 得电搅拌电动机启动进行预搅拌，当液位达到传感器 3 时，X3 动作使 S21 置位，Y1 失电 B 阀关闭，Y3 仍得电，搅拌电动机继续搅拌 300s，T1 动作使 S22 置位，Y3 失电，搅拌电动机停止，Y2 得电，C 阀打开，排放搅拌好的液料，当液位下降到传感器 1 以下时，X1 常闭接点闭合，T2 得电延时将剩余的液料放完，10s 后结束。

如果开关 SA 未闭合，结束后返回到 S0，停止工作。如果开关 SA 闭合，结束后返回到 S20，将继续进行上述搅拌过程。

实例 34　搅拌机控制

控制一台搅拌机，当按下启动按钮时，电动机正转 10s，停 5s，反转 10s，停 5s，反复循环，工作 15min 停止。

控制方案设计

1．输入/输出元件及控制功能

如表 34-1 所示，介绍了实例 34 中用到的输入/输出元件及控制功能。

表 34-1　输入/输出元件及控制功能

	PLC 软元件	元件文字符号	元 件 名 称	控 制 功 能
输入	X0	SB1	启动按钮	电动机启动
	X1	SB2	停止按钮	电动机停止
输出	Y0	KM1	正转接触器	控制电动机正转
	Y1	KM2	反转接触器	控制电动机反转

2．电路设计

搅拌机控制 PLC 接线图和梯形图如图 34-1 所示。

3．控制原理

按下启动按钮 X0，M0 得电自锁，定时器 T0 得电，延时 15min（900s）断开电路，停止工作。

启动后 M0=1，梯形图中定时器 T1、T2 组成一个 10s 断、5s 通的振荡电路，每振荡一次 M1 由 0 到 1 交替翻转一次，如图 34-2 所示。根据控制要求，电动机正转 10s，停 5s；反转 10s，停 5s。

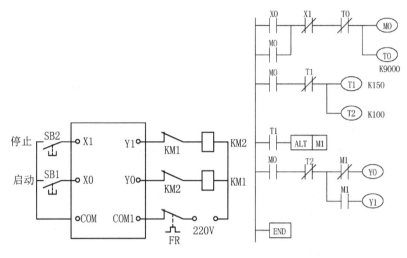

图 34-1 搅拌机控制图

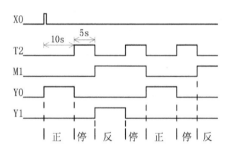

图 34-2 搅拌机控制时序图

实例 35 钻孔动力头控制

某一钻床如图 35-1（a）所示，用于在工作台上钻孔，钻床的工作过程如下：

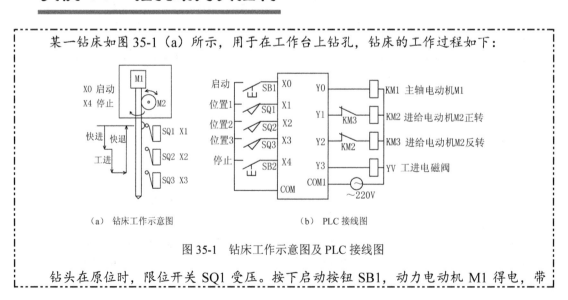

（a）钻床工作示意图 　　　　　（b）PLC 接线图

图 35-1 钻床工作示意图及 PLC 接线图

钻头在原位时，限位开关 SQ1 受压。按下启动按钮 SB1，动力电动机 M1 得电，带

动钻头转动。同时工进电动机 M2 得电，钻头快进。当碰到限位开关 SQ2 时，工进电磁
阀 YV 得电，转为工作进给。当碰到限位开关 SQ3 时，YV2 失电，停止工进。5s 后，钻
头快退，碰到 SQ1 时，动力电动机和电磁阀均失电，停止工作。

　　按下停止按钮，动力电动机和电磁阀均失电。

控制方案设计

1．输入/输出元件及控制功能

如表 35-1 所示，介绍了实例 35 中用到的输入/输出元件及控制功能。

表 35-1　输入/输出元件及控制功能

	PLC 软元件	元件文字符号	元 件 名 称	控 制 功 能
输入	X0	SB	启动按钮	钻床启动
	X1	SQ1	限位开关 1	钻床原位
	X2	SQ2	限位开关 2	钻床工进开始位
	X3	SQ3	限位开关 3	钻床工进结束位
输出	Y0	KM1	接触器 1	主轴电动机启动
	Y1	KM2	接触器 2	进给电动机前进启动
	Y2	KM3	接触器 3	进给电动机后退启动
	Y3	YV	工进电磁阀	钻头工进

2．电路设计

钻孔动力头控制梯形图如图 35-2 所示。

3．控制原理

方法 1：

图 35-2（a）中，钻头在原位时限位开关 X1 受压，接点闭合。按下启动按钮 X0，MC
主控指令的线圈 Y0 得电并自锁，主轴电动机启动。此处用 MC、MCR 指令的目的是保证只
有在主轴电动机 Y0 得电时钻头才能工作，另一个目的是简化电路（如果用 OUT Y0 指令梯
形图较复杂）。同时 Y1 得电自锁，进给电动机得电快进。当快进碰到限位开关 X2 时，Y3
得电自锁，工进电磁阀得电钻头工进。当工进碰到限位开关 X3 时，M0 得电自锁，Y1、Y3
失电，钻头停止；T0 得电延时 5s，Y2 得电。进给电动机得电快退。当快退（中途碰到限位
开关 X2 时，由于 Y2 常闭接点断开，不会误使 Y3 得电）到原位碰到限位开关 X1 时，X1
上升沿接点取反，使主控线圈 Y0 失电，完成一次钻孔过程。

方法 2：

图 35-2（b）中，初始状态，钻头在原位时限位开关 X1 受压。按下启动按钮 X0，状态
器 S0 置位，由于限位开关 X1 受压接点闭合，状态器 S0 又复位，S500 置位，Y0 置位，主轴
电动机启动。Y1 线圈得电，进给电动机得电快进。当快进时碰到限位开关 X2 时，Y0 仍置

位，Y1 失电，Y3 得电，工进电磁阀得电钻头前进。当工进碰到限位开关 X3 时，Y3 失电钻头停止，T0 得电延时 5s，Y2 得电。进给电动机得电快退。到原位碰到限位开关 X1 时，状态器 S0 置位，Y2 失电，快退停止，Y0 复位，主轴电动机停止，完成一次钻孔过程。

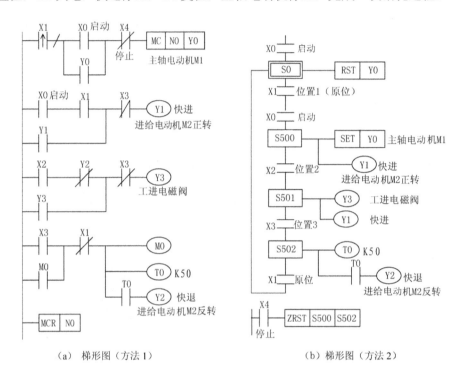

（a） 梯形图（方法1）　　　　　　　　（b）梯形图（方法2）

图 35-2　钻孔动力头控制

实例 36　彩灯控制

　　设计一个彩灯控制电路，该彩灯电路由红、黄、绿、蓝四种颜色的灯泡组成。每种颜色的灯各由 4 个灯并联组成，共有 16 只灯，按一定规律排列而成，每秒变化一次，变化规律如表 36-1 所示。

表 36-1　彩灯变化规律

次　序	蓝　灯	绿　灯	黄　灯	红　灯
1	0	0	0	1
2	0	0	1	1
3	0	1	1	1
4	1	1	1	1
5	1	1	1	0
6	1	1	0	0
7	1	0	0	0
8	0	0	0	0

控制方案设计

1．输入/输出元件及控制功能

如表 36-2 所示，介绍了实例 36 中用到的输入/输出元件及控制功能。

表 36-2　输入/输出元件及控制功能

	PLC 软元件	元件文字符号	元 件 名 称	控 制 功 能
输出	Y0	EL1	红灯	彩灯控制
	Y1	EL2	黄灯	彩灯控制
	Y2	EL3	绿灯	彩灯控制
	Y3	EL4	蓝灯	彩灯控制

2．电路设计

将红、黄、绿、蓝四种颜色的彩灯分别由 Y0、Y1、Y2 和 Y3 控制，如图 36-1（a）所示。根据表 36-1，彩灯每次变化的状态用 1 位 16 进制数表示，8 次变化的状态用 8 位 16 进制数 08CEF731 表示，如表 36-3 所示。

表 36-3　彩灯输出分配及变化数值规律

次　　序	蓝灯 Y3	绿灯 Y2	黄灯 Y1	红灯 Y0	数　　值
1	0	0	0	1	1
2	0	0	1	1	3
3	0	1	1	1	7
4	1	1	1	1	F
5	1	1	1	0	E
6	1	1	0	0	C
7	1	0	0	0	8
8	0	0	0	0	0

3．控制原理

梯形图如图 36-1（b）所示，运行时由初始化脉冲 M8002 将 8 位十六进制数 08CEF731 预置到 32 位数据寄存器 D1、D0 中。由秒脉冲 M8013 对 D1、D0 进行右循环移位，每秒移位变化一次，每次移 4 位。将 D0 的低 4 位（1 位十六进制数）传送到 K1Y0 中，Y0、Y1、Y2、Y3 就满足了彩灯变化规律。

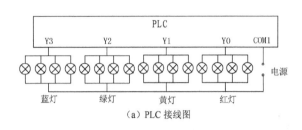

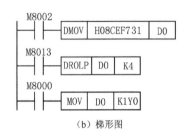

（a）PLC 接线图　　　　　　　　（b）梯形图

图 36-1　彩灯控制

实例 37　仓库卷帘电动门自动开闭

　　某仓库电动卷帘门如图 37-1 所示，用 PLC 控制。用钥匙开关选择大门的控制方式，钥匙开关有三个位置，停止、手动、自动。在停止位置时，不能对大门进行控制。在手动位置时，可用按钮进行开门关门。在自动位置时，可由汽车司机控制。当汽车到达大门前时，由司机发出开门超声波编码，超声波开关收到正确的编码后，输出逻辑 1 信号，通过可编程控制器控制开启大门。

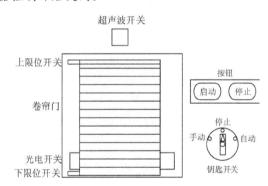

图 37-1　仓库卷帘电动门示意图

　　用光电开关检测车辆的进入，当车辆在进入大门时，光电开关发出的红外线被挡住，输出逻辑 1。当车辆进入大门后，红外线不受遮挡，输出逻辑 0 时，关闭大门。

控制方案设计

1. 输入/输出元件及控制功能

如表 37-1 所示，介绍了实例 37 中用到的输入/输出元件及控制功能。

表 37-1　输入/输出元件及控制功能

	PLC 软元件	元件文字符号	元 件 名 称	控 制 功 能
输入	X0	SA	选择开关	手动控制方式

续表

PLC 软元件	元件文字符号	元 件 名 称	控 制 功 能
X1	SA	选择开关	自动控制方式
X2	SB1	开门按钮	手动开门
X3	SB2	关门按钮	手动关门
X4	SQ1	限位开关 1	开门上限位
X5	SQ2	限位开关 2	关门下限位
X6	SQ3	超声波开关	司机开门信号
X7	SQ4	光电开关	汽车进门关门信号
Y0	KM1	接触器 1	开门
Y1	KM2	接触器 2	关门

（输入：X1~X7；输出：Y0、Y1）

2．电路设计

电动门 PLC 接线图和梯形图如图 37-2 所示。

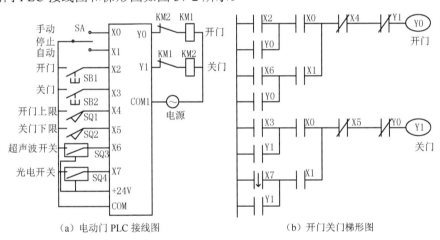

（a）电动门 PLC 接线图　　　　　（b）开门关门梯形图

图 37-2　电动门 PLC 接线图和梯形图

3．控制原理

（1）手动控制方式

将钥匙开关 SA 扳向手动控制位置，X0 输入端闭合。

按下开门按钮 SB1，X2 动作，Y0 得电自锁，卷帘门上升，到上限位碰到上限位开关 X4，Y0 失电，卷帘门停止。

按下关门按钮 SB2，X3 动作，Y1 得电自锁，卷帘门下降，到下限位碰到下限位开关 X5，Y1 失电，卷帘门停止。

（2）自动控制方式

将钥匙开关 SA 扳向自动控制位置，X1 输入端闭合。

当货车到达大门前时，由司机发出开门超声波编码，超声波开关 SQ3 收到正确的编码后，X6 动作 Y0 得电自锁，卷帘门上升，到上限位碰到上限位开关 X4，Y0 失电卷帘门停止。

当车辆在进入大门时，光电开关 SQ4 发出的红外线被挡住，X7 动作但不起作用。当车辆进入大门后，红外线不受遮挡时 X7 产生一个下降沿脉冲，Y1 得电自锁，卷帘门下降，到下限位碰到下限位开关 X5，Y1 失电卷帘门停止。

实例 38　两个滑台顺序控制

　　某加工机械有两个滑台 A 和 B，如图 38-1 所示，分别由两台电动机拖动。初始状态滑台 A 在左边，限位开关 SQ1 受压，滑台 B 在右边，限位开关 SQ3 受压。

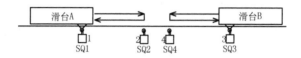

图 38-1　滑台工作示意图

　　控制要求：当按下启动按钮时，滑台 A 右行，当碰到限位开关 SQ2 时停止并进行能耗制动 5s 停止，之后滑台 B 左行，当碰到限位开关 SQ4 时停止并进行能耗制动 5s 停止，之后再停止 100s，两个滑台同时返回到原位分别当碰到限位开关 SQ1 和 SQ3 停止并进行能耗制动 5s 全过程结束。

控制方案设计

1. 输入/输出元件及控制功能

如表 38-1 所示，介绍了实例 38 中用到的输入/输出元件及控制功能。

表 38-1　输入/输出元件及控制功能

	PLC 软元件	元件文字符号	元 件 名 称	控 制 功 能
输入	X0	SB1	停止按钮	滑台停止控制
	X1	SB2	启动按钮	滑台启动控制
	X2	SQ1	限位开关 1	滑台 A 后限位
	X3	SQ2	限位开关 2	滑台 A 前限位
	X4	SQ3	限位开关 3	滑台 B 后限位
	X5	SQ4	限位开关 4	滑台 B 前限位
输出	Y0	KM1	接触器 1	滑台 A 电动机 M1 正转右行
	Y1	KM2	接触器 2	滑台 A 电动机 M1 反转左行
	Y2	KM3	接触器 3	滑台 A 电动机 M1 能耗制动
	Y3	KM4	接触器 4	滑台 B 电动机 M2 正转左行
	Y4	KM5	接触器 5	滑台 B 电动机 M2 反转右行
	Y5	KM6	接触器 6	滑台 B 电动机 M2 能耗制动

2. 电路设计

　　两个滑台顺序控制接线图如图 38-2 所示，梯形图如图 38-3 所示，电动机主电路图如图 38-4 所示。

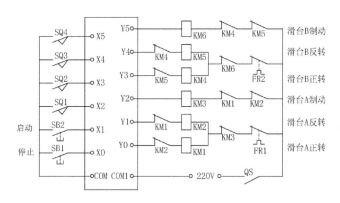

图 38-2　两个滑台顺序控制接线图

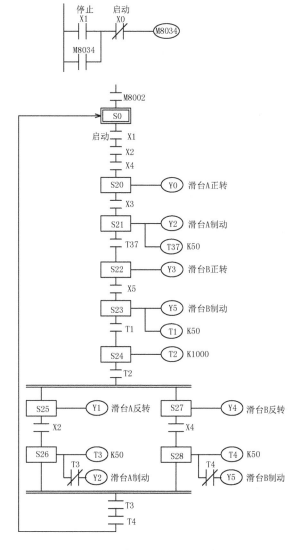

图 38-3　两个滑台顺序控制梯形图

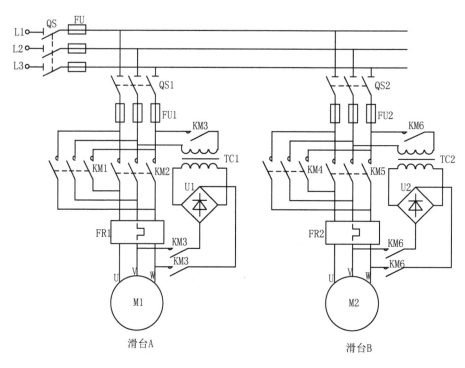

图 38-4　电动机主电路图

3. 工作原理

PLC 运行时初始化脉冲 M8002 使初始状态步 S0 置位，两个滑台 A 和 B 在原位时，限位开关 X2、X4 接点闭合。

按下启动按钮 X1，S20 置位，Y0 得电，电动机 M1 得电正转，滑台 A 右行；当碰到限位开关 X3 时，S21 置位，Y0 失电，Y2 得电进行能耗制动，T0 延时 5s，S22 置位，Y3 得电，电动机 M2 得电正转，滑台 B 开始左行；当碰到限位开关 X5 时，S23 置位，Y3 失电，Y5 得电进行能耗制动，T1 延时 5s，S24 置位，滑台停止，T2 延时 100s，S25 和 S27 同时置位。

S25 置位，Y1 得电，电动机 M1 反转，滑台 A 左行回到原位碰到限位开关 X2；S26 置位，Y2 得电，滑台 A 制动 5s 断开 Y2，制动结束。

S27 置位，Y4 得电，电动机 M2 反转，滑台 B 右行回到原位碰到限位开关 X4；S28 置位，Y5 得电，滑台 B 制动 5s 断开 Y5，制动结束。

当两个滑台都结束制动时，T3 和 T4 接点闭合时，转移到初始状态，步 S0 全过程结束。

实例 39　机床滑台往复、主轴双向控制

某机床滑台如图 39-1 所示，要求滑台每往复运动一个来回，主轴电动机改变一次旋转方向。滑台和主轴均由电动机控制，由行程开关控制滑台的往复运动距离。

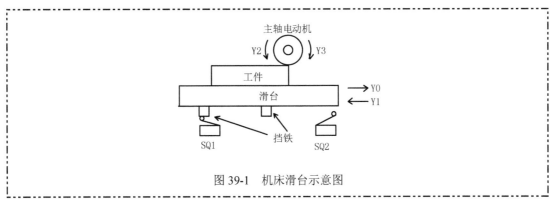

图 39-1　机床滑台示意图

控制方案设计

1. 输入/输出元件及控制功能

如表 39-1 所示，介绍了实例 39 中用到的输入/输出元件及控制功能。

表 39-1　输入/输出元件及控制功能

	PLC 软元件	元件文字符号	元件名称	控制功能
输入	X0	SQ1	后限位开关	滑台后限位
		SQ2	前限位开关	滑台前限位
	X1	SB1	启动按钮	滑台启动控制
	X2	SB2	停止按钮	滑台停止控制
输出	Y0	KM1	接触器 1	滑台前进
	Y1	KM2	接触器 2	滑台后退
	Y2	KM3	接触器 3	主轴电动机正转
	Y3	KM4	接触器 4	主轴电动机反转

表 39-2 所示为运行状态表，表达了机床在一个工作循环的 4 个工步。

第 1 工步：主轴正转，滑台前进。

第 2 工步：主轴正转，滑台后退。

第 3 工步：主轴反转，滑台前进。

第 4 工步：主轴反转，滑台后退。

表 39-2　运行状态表

工步	主轴		滑台	
	反转 Y3	正转 Y2	后退 Y1	前进 Y0
1	0	1	0	1
2	0	1	1	0
3	1	0	0	1
4	1	0	1	0

根据机床控制要求：按启动按钮后，第 1 工步为滑台前进，主轴正转。当挡铁碰到行程开关 SQ2 时，执行第 2 工步为滑台后退，主轴仍正转。当挡铁碰到行程开关 SQ1 时，执行第 3 工步，滑台前进，主轴该为反转。当再碰到行程开关 SQ2 时，执行第 4 工步，滑台后退，主轴仍反转。当挡铁后退碰到 SQ1 时完成一个工作循环，并重复上述循环。

由表 39-2 可知：Y0 和 Y1 相反，Y2 和 Y3 相反，Y3 和 Y1 组成的两位二进制数正好依次对应 0、1、2、3，所以用计数的方法编程比较简单。

2．电路设计

如图 39-2 所示为往复主轴双向控制接线图，其中主轴、滑台与计数值的逻辑关系如表 39-3 所示。

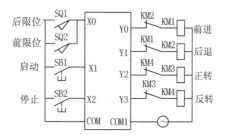

图 39-2　往复主轴双向控制接线图

表 39-3　主轴、滑台与计数值的逻辑关系

工　步	主　轴		滑　台		计　数　值		
	反转 Y3	正转 Y2	后退 Y1	前进 Y0	M501	M500	数值
1	0	1	0	1	0	0	0
2	0	1	1	0	0	1	1
3	1	0	0	1	1	0	2
4	1	0	1	0	1	1	3

由表 39-3 可知，计数值 M500 M501 与主轴、滑台 Y0、Y1、Y2 和 Y3 的逻辑关系为：

$$Y0=\overline{M500} \quad Y1=M500 \quad Y2=\overline{M501} \quad Y3=M501$$

根据上述逻辑关系很容易画出 Y0、Y1、Y2 和 Y3 的梯形图，如图 39-3（a）中的梯形图所示。

如果要求机床在循环若干次后停止，最常规的方法是采用计数器。在本例中，加 1 指令 INCP 实际上也是一种计数器，它的计数值是用 K1M500 表示的。用 K1M500 计数的状态表如表 39-4 所示。

表 39-4　用 K1M500 计数的状态表

循 环 次 数	M503	M502	M501	M500
0	0	0	0	0
	0	0	0	1

续表

循 环 次 数	M503	M502	M501	M500
0	0	0	1	0
	0	0	1	0
1	0	1	0	0
	0	1	0	1
	0	1	1	0
	0	1	1	1
2	1	0	0	0
	1	0	0	1
	1	0	1	0
	1	0	1	1
3	1	1	0	0
	1	1	0	1
	1	1	1	0
	1	1	1	1
	循环次数		工作方式	

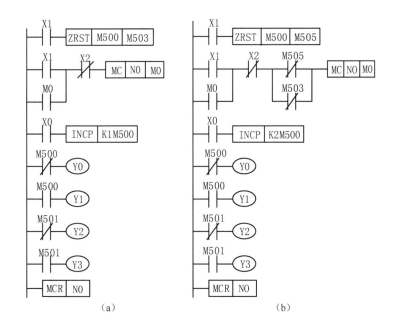

图 39-3 梯形图

K1M500 计数时，每计 4 次为一个循环；而 M503、M502 所表示的二进制数正好对应循环次数。M503、M502 表示的最大二进制数为 3。如果增大计数值，就要增加计数值的位数。例如，要求机床工作循环次数为 10 次，可用 K2M500 作为计数值，即 M505、M504、M503、M502 均为 1010 时机床停止工作。上述图 39-3（a）中的梯形图对应改为图 39-3（b）。

3．控制原理

图 39-3（a）中按下启动按钮 X1，M500～M503 复位，MC 主控线圈接通并自锁，接通 MC 到 MCR 之间的电路，此时计数值 M501，M500=0，见表 39-3，Y2=1 主轴正转，Y0=1 滑台前进。

滑台前进碰到前限位开关 SQ2 时，X0=1，计数值 M501，M500=1，Y2=1 主轴仍正转，Y1=1 滑台后退。

滑台后退碰到后限位开关 SQ1 时，X0=1，计数值 M501，M500=2，Y3=1 主轴反转，Y0=1 滑台后退前进。

滑台前进碰到前限位开关 SQ2 时，X0=1，计数值 M501，M500=3，Y3=1 主轴仍反转，Y1=1 滑台后退。

滑台后退碰到后限位开关 SQ1 时，X0=1，计数值 M501，M500=0，继续下一个循环，并周而复始。

图 39-3 梯形图中增加了循环次数，例如，要求机床工作循环次数为 10 次，可用 K2M500 作为计数值，其中 M501、M500 控制机床的工作方式，M507～M502 即为循环次数，M505、M504、M503、M502 均为 1010 时循环次数为 10，即当 M505=1，M503=1 时，M505 和 M503 常闭接点同时断开，机床停止工作。

实例 40　滑台控制

一机械滑台如图 40-1 所示，控制要求：

在 1～4 点各设置一个限位开关，滑台在原位时按下启动按钮后，滑台前进到 3 点返回到 2 点，再从 2 点前进到 4 点返回到原位停止。

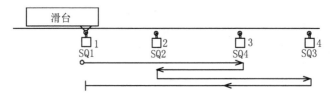

图 40-1　滑台工作示意图

滑台在运行过程中按下停止按钮，滑台停止，再按下启动按钮，滑台继续运行工作。

当停电后再来电时按下启动按钮，滑台能按照停电前的动作过程继续运行。

圆盘旋转控制要求有如下三种控制方式。

（1）单周期控制方式：按下启动按钮后，滑台自动按上述工作过程完成后停止。

（2）自动循环控制方式：按下启动按钮后，滑台自动重复单周期控制方式。

（3）单步控制方式：每按启动按钮一次，圆盘完成一步工作过程，到原点时停止。

控制方案设计

1．输入/输出元件及控制功能

如表 40-1 所示，介绍了实例 40 中用到的输入/输出元件及控制功能。

表 40-1　输入/输出元件及控制功能

	PLC 软元件	元件文字符号	元 件 名 称	控 制 功 能
输入	X0	SB1	启动按钮	电动机启动
	X1	SB2	停止按钮	电动机停止
	X2	SA1	单步控制开关	滑台单步
	X3	SA2	选择开关	单周/自动循环
	X4	SQ1	限位开关	1 号原位
	X5	SQ2	限位开关	2 号位
	X6	SQ3	限位开关	3 号位
	X7	SQ4	限位开关	4 号位
输出	Y0	KM1	信号灯	滑台原位显示
	Y1	KM2	接触器 2	电动机正转滑台前进
	Y2	KM3	接触器 3	电动机反转滑台后退

2．电路设计

滑台控制的 PLC 接线图如图 40-2 所示，梯形图及状态转移图如图 40-3 所示。

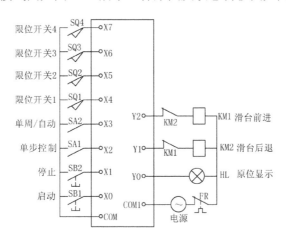

图 40-2　滑台控制 PLC 接线图

3．控制原理

为了使在停电后再来电时滑台能按照停电前的动作过程继续运行，在状态转移图中应采用失电保持型的状态器。

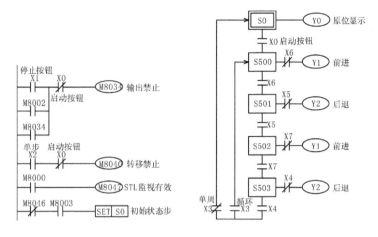

图 40-3　滑台控制梯形图

设置 M8047=1 时，只要 S0～S899 中有一个得电动作，M8046 的接点就动作。M8047 和 M8046 往往配合同时使用，以检测状态器 S0～S899 中有无得电。

在 PLC 开始运行时，初始化脉冲 M8002 使 M8034 得电并自锁。由于刚开始没有状态器 S 得电动作，M8046=0，M8046 常闭接点闭合，状态器 S0 得电置位。这时由于有了一个状态器 S0 动作，所以在第二个扫描周期之后 M8046=1，M8046 常闭接点又断开了。

如果 PLC 运行前已经有一个 S 动作，由于在第 1 个扫描周期 M8046 常闭接点是闭合的，将会使 S0 置位，串接 M8003，在第 1 个扫描周期断开，可防止 S0 置位。

（1）单周期控制方式

在单周期控制方式下 X2=0，X3=0。

按下启动按钮 X0，M8034 失电，S500 动作，Y1 得电，滑台前进，滑台前进碰到限位开关 X6 时，S500 复位，S501 置位，Y2 得电，滑台后退；滑台后退碰到限位开关 X5 时，S501 复位，S502 置位，Y1 得电，滑台前进；滑台前进碰到限位开关 X7 时，S502 复位，S503 置位，Y2 得电，滑台后退；滑台后退碰到原位限位开关 X4 时，S503 复位，S0 置位，滑台停止在原位上，完成一个单周期工作过程。

（2）自动循环控制方式

在自动循环控制方式下 X2=0，X3=1。

按下启动按钮 X0，滑台启动，完成一个单周期工作过程后，由于 X3=1，X3 常开接点闭合，由 S503 转移到 S500，进入下一个单周期工作过程，并自动循环工作。

（3）单步控制方式

在单步控制方式下 X2=1，转移禁止线圈 M8040 得电，转移被禁止。

初始状态下 S0=1，按下启动按钮 X0，X0 常闭接点断开，M8040=0，允许转移，X0 常开接点闭合，转移到 S500，Y1=1，滑台前进。松开按钮 X0 时，M8040=1 转移被禁止。滑台前进碰到限位开关 X6 时，由于 M8040=1，不能转移到 S501。但 X6 常闭接点断开，Y1=0，滑台停止。

再按一下启动按钮 X0，M8040=0，允许转移，转移到 S501，Y2=1，滑台后退。松开按钮 X0，M8040=1 转移被禁止。滑台后退碰到限位开关 X5 时，由于 M8040=1，不能转移到 S501。X5 常闭接点断开，Y2=0，滑台停止。

综上可知，正常时 M8040=1，当满足转移条件时不能进行状态转移，必须再按一下启动按钮 X0，使 M8040=0，才能允许转移，从而实现了单步控制方式。

如果在运行时突然停电，例如，在 S501 状态步动作时停电，停电时 S501 状态步仍为动作状态；当来电时，虽然 S501 状态步仍为动作状态，但是由于 M8002 初始化脉冲使 M8034 "输出禁止" 线圈得电，所以输出继电器 Y2 被禁止，这样就防止了来电时滑台自行启动。按一下启动按钮 X0，就可以解除 "输出禁止"，继续按停电前的工作方式运行。

在运行时，按下停止按钮 X1 使 M8034 线圈得电，输出继电器禁止输出，可以起到暂时停止的作用。再按下启动按钮 X0 使 M8034 线圈失电，解除输出继电器禁止输出，滑台又继续开始工作了。

实例 41　液压动力台控制

一液压动力台如图 41-1 所示，其动力加工动作过程如下：工人将待加工工件放到工作台上，按下启动按钮，电磁阀 YV1 得电，夹紧液压缸活塞下行；将工件夹紧时压力继电器 SP 动作，YV1 失电，YV3 得电，工作台前进，进行工件加工；当工作台前进到位，碰到限位开关 SQ2 时 YV3 失电，停留 2s，YV4 和 YV5 同时得电，工作台快速退回到原位碰到限位开关 SQ1，YV4 和 YV5 失电，工作台停止，YV2 得电，夹紧液压缸活塞上行，工件松开时压力继电器 SP 接点复位。工人将已加工工件取出，完成一个工作循环。

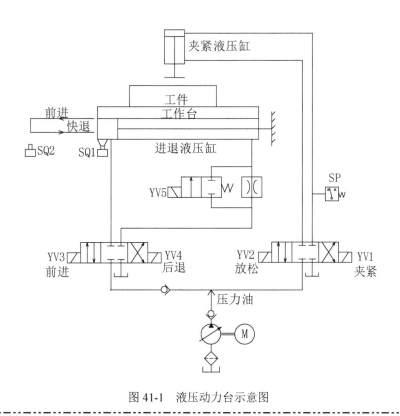

图 41-1　液压动力台示意图

控制方案设计

1. 输入/输出元件及控制功能

如表 41-1 所示，介绍了实例 41 中用到的输入/输出元件及控制功能。

表 41-1　输入/输出元件及控制功能

	PLC 软元件	元件文字符号	元 件 名 称	控 制 功 能
输入	X0	SB	启动按钮	控制
	X1	SQ1	限位开关	工作台后限位
	X2	SQ2	限位开关	工作台前限位
	X3	SP	压力继电器	工件夹紧
输出	Y0	YV1	电磁阀	工件夹紧
	Y1	YV2	电磁阀	工件放松
	Y2	YV3	电磁阀	工作台前进
	Y3	YV4	电磁阀	工作台后退
		YV5	电磁阀	工作台快速后退

2. 电路设计

液压动力台 PLC 接线图和梯形图如图 41-2 所示。

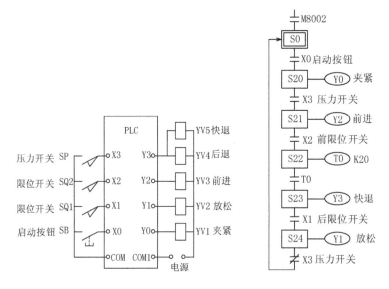

图 41-2　液压动力台 PLC 接线图和梯形图

3. 控制原理

如图 41-2 所示，初始状态，PLC 运行时，初始化脉冲 M8002 使初始状态步 S0 置位，工人将待加工工件放到工作台上，按下启动按钮 X0，S20 置位，Y0=1，电磁阀 YV1 得电，夹紧液压缸活塞下行，将工件夹紧时压力开关 X3 动作，S21 置位，Y2=1，YV3 得电，工作台前进，进行工件加工，当工作台前进到位，碰到限位开关 X2 时 S22 置位，定时器 T0 得电停留 2s，S23 置位，Y3=1，YV4 和 YV5 同时得电，工作台快速退回到原位碰到后限位开关 X1，S23 置位，Y1=1，工作台停止，YV2 得电，夹紧液压缸活塞上行，工件松开时压力继电器 X3 复位，常闭接点闭合转移到初始状态步 S0。工人将已加工工件取出，完成一个工作循环。

实例 42　换气系统

　　某工厂车间换气系统示意如图 42-1 所示：车间内要求空气的压力不能大于大气压，所以只有排气扇 M2 运转后，排气流传感器 S2 检测到排风正常，进气扇 M1 才能工作。如果进气扇或排气扇工作 5s 后，各自的传感器都没有信号，则对应的指示灯闪动报警。

　　换气系统由进气风扇 M1、进气流传感器 S1、排气流传感器 S2、风扇指示灯 HL1 和HL2，停止按钮 SB1、启动按钮 SB2 组成。

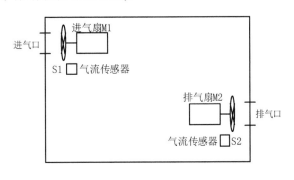

图 42-1　换气系统示意图

控制方案设计

1. 输入/输出元件及控制功能

如表 42-1 所示，介绍实例 42 中用到的输入/输出元件及控制功能。

表 42-1　输入/输出元件及控制功能

	PLC 软元件	元件文字符号	元件名称	控制功能
输入	X0	SB1	启动按钮	启动风机
	X1	SB2	停止按钮	停止风机
	X2	S1	排气流传感器	排气压力检测
	X3	S2	进气流传感器	进气压力检测

续表

PLC 软元件	元件文字符号	元 件 名 称	控 制 功 能
	Y0	M1	接触器 1	控制排气风扇
输出	Y1	M2	接触器 2	控制进气风扇
	Y2	HL1	指示灯	排气风扇显示
	Y3	HL2	指示灯	进气风扇显示

2．电路设计

换气系统 PLC 接线图和梯形图如图 42-2 所示。

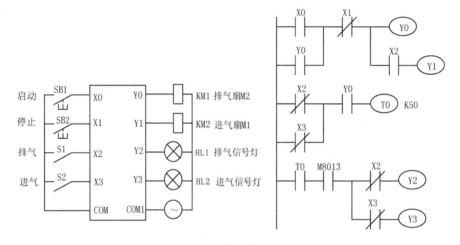

图 42-2　换气系统接线图与梯形图

3．控制原理

按下启动按钮 X0，Y0 线圈得电自锁，排气扇得电启动，排气流传感器 S1 检测到排风正常，X2 接点闭合，Y1 线圈得电，进气扇工作。如果进气扇或排气扇工作正常，X2、X3 均动作，定时器 T0 不会得电。如果进气扇或排气扇工作不正常，X2、X3 有一个不动作，其常闭接点闭合，定时器 T0 得电 5s 后 Y2 或 Y3 将经秒脉冲 M8013 得电，对应的指示灯闪动报警。

分类六 电 梯 控 制

实例43 四层电梯楼层七段数码管显示

一个四层电梯，在电梯井中每一层设置一个限位开关。当轿厢到达某一层时，碰到该层限位开关时，用七段数码管显示该层的楼层号，并要求在轿厢运行过程中保持该楼层号的显示，直到相邻楼层后才改变楼层号。

控制方案设计

1. 输入/输出元件及控制功能

如表43-1所示，介绍了实例43中用到的输入/输出元件及控制功能。

表43-1 输入/输出元件及控制功能

	PLC 软元件	元件文字符号	元 件 名 称	控 制 功 能
输入	X1	SQ1	1 楼限位开关	1 楼位置检测
	X2	SQ2	2 楼限位开关	2 楼位置检测
	X3	SQ3	3 楼限位开关	3 楼位置检测
	X4	SQ4	4 楼限位开关	4 楼位置检测
输出	Y0		数码管笔画 a	7 段数码管显示
	Y1		数码管笔画 b	7 段数码管显示
	Y2		数码管笔画 c	7 段数码管显示
	Y3		数码管笔画 d	7 段数码管显示
	Y4		数码管笔画 e	7 段数码管显示
	Y5		数码管笔画 f	7 段数码管显示
	Y6		数码管笔画 g	7 段数码管显示

2. 电路设计

四层电梯数码显示 PLC 接线图和梯形图如图43-1所示。

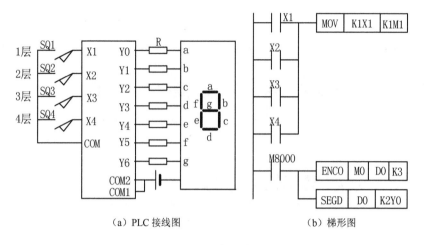

（a）PLC 接线图　　　　　（b）梯形图

图 43-1　四层电梯数码显示

3. 控制原理

当电梯轿厢行至某层，例如，到第 3 层时，第 3 层的位置开关 X3 动作，执行 MOV 指令，将 X4、X3、X2、X1 的值 0100 传送到 M4、M3、M2、M1 中，即 M4、M3、M2、M1

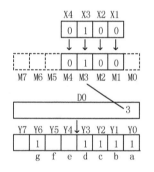

图 43-2　梯形图工作原理说明

均等于 0100。如图 43-2 所示（注意当轿厢离开第 3 层时，X4、X3、X2、X1 均等于 0000，但 M4、M3、M2、M1 的值不变，仍为 0100），在 M7～M0 中，M3=1 表示为 3，经 ENCO 编码到 D0，D0=3，再经 SEGD 指令 7 段解码。由输出 Y0～Y6 驱动 7 段数码管显示 3。

用数码管显示楼层比较直观。每层楼（9 层以内）只要一个数码管即可，但 PLC 需要 7 点输出继电器。注意：执行 SEGD 指令 7 段解码将占用 8 个输出继电器。例如，上例占用输出 Y0～Y7，其中 Y7=0，如要使用 Y7，必须在 SEGD 指令之后编程。

实例 44　四层电梯楼层外部解码数码显示

在上述实例中，四层电梯楼层显示采用 PLC 直接驱动七段数码管显示层号，需要 7 点输出继电器。如果采用外部解码电路，由于数码管显示 1、2、3、4 共有四种情况，所以用 PLC 的两点输出继电器即可，用外部继电器解码电路控制七段数码管显示四层电梯的楼层。

控制方案设计

1. 输入/输出元件及控制功能

如表 44-1 所示，介绍了实例 44 中用到的输入/输出元件及控制功能。

表 44-1　输入/输出元件及控制功能

	PLC 软元件	元件文字符号	元 件 名 称	控 制 功 能
输入	X1	SQ1	1 楼限位开关	1 楼位置检测
	X2	SQ2	2 楼限位开关	2 楼位置检测
	X3	SQ3	3 楼限位开关	3 楼位置检测
	X4	SQ4	4 楼限位开关	4 楼位置检测
输出	Y0	K1	继电器 1	解码
	Y1	K2	继电器 2	解码

2．电路设计

七段数码管的显示由输出继电器 Y0、Y1 控制两个小型继电器 K1、K2 的闭合和断开。数码管显示采用共阴极接法，并串联限流电阻，其电路如图 44-1 所示。

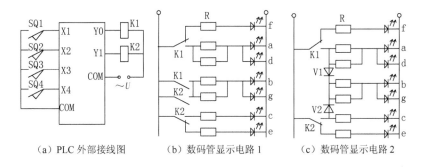

　　（a）PLC 外部接线图　　（b）数码管显示电路 1　　（c）数码管显示电路 2

图 44-1　四层电梯楼层显示接线图

其输出继电器 Y0、Y1 输出码与七段笔画显示的对应关系如表 44-2 所示。PLC 在 1 楼时以及在初始状态下，显示数字"1"（e、f 笔画亮）表示轿厢在 1 楼。在 2 楼时，2 楼的限位开关 X2 动作，使 2 楼限位记忆继电器 M2=1，继电器触点 K1 闭合，显示数字"2"（a、b、d、e、g 笔画亮）表示轿厢在 2 楼。同理，轿厢在 3 楼时，3 楼的限位开关 X3 动作，使 3 楼限位记忆继电器 M3=1，继电器触点 K1、K 触点 2 闭合，数码显示 3（a、b、c、d、g 笔画亮）表示轿厢在 3 楼。四楼同理。

表 44-2　对应关系列表

楼层位置				记忆继电器				输出码		楼层	七段笔画显示						
X4	X3	X2	X1	M4	M3	M2	M1	Y1	Y0		a	b	c	d	e	f	g
0	0	0	1	0	0	0	1	0	0	1	0	0	0	0	1	1	0
0	0	1	0	0	0	1	0	0	1	2	1	1	0	1	1	0	1
0	1	0	0	0	1	0	0	1	1	3	1	1	1	1	0	0	1
1	0	0	0	1	0	0	0	1	0	4	0	1	1	0	0	1	1

由输出码和笔画可写出逻辑表达式：

$$a=d=Y0=K1$$

$$b=g=Y0+Y1=K1+K2$$
$$c=Y1=Y2$$
$$e=\overline{Y1}=\overline{K2}$$
$$f=\overline{Y0}=\overline{K1}$$

由逻辑表达式可画出七段数码管显示电路，如图 44-1 所示，其中数码管显示电路 1 采用两常开两常闭继电器，数码管显示电路 2 采用一常开一常闭继电器。

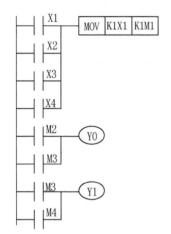

图 44-2　四层楼层显示梯形图

电路特点：

（1）仅用两个输出点，通过两个小型继电器即可控制一个七段数码管。

（2）输出采用循环码，以减少继电器的动作次数。同时还简化了数码管显示电路。

（3）继电器只需用两组转换接点即可，例如，加上两个二极管化简电路，如图 44-1（c）数码管显示电路 2，也可只采用一组转换接点的继电器。

（4）与七段数码管的连线只需要 5 根线。

（5）为了减少继电器接点，显示 1 的笔画用 f、e。

与上述电路对应的四层楼层显示梯形图如图 44-2 所示。

以上是采用继电器进行解码的电路。根据输出码和笔画写出的逻辑表达式也可以用集成电路块 4011 组成解码电路，如图 44-3 和图 44-4 所示。

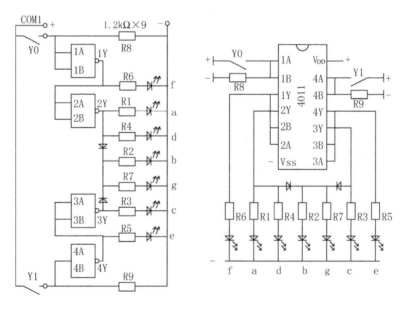

图 44-3　集成电路块 4011 组成解码电路 1

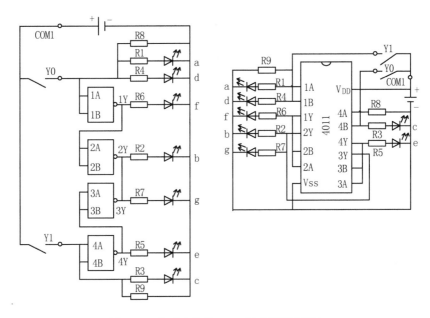

图 44-4 集成电路块 4011 组成解码电路 2

实例 45 五层电梯楼层数字信号灯显示

一个五层电梯，在井道中，每一层设置一个位置开关。当轿厢到达某一层时，碰到该楼层位置开关时，显示该层的楼层号，各楼层分别安装 5 个带数字的信号灯，每个信号灯显示一个楼层号，并要求在轿厢运行过程保持该楼层号的显示，直到轿厢到达相邻楼层后才改变楼层号。

控制方案设计

1．输入/输出元件及控制功能

如表 45-1 所示，介绍了实例 45 中用到的输入/输出元件及控制功能。

表 45-1 输入/输出元件及控制功能

	PLC 软元件	元件文字符号	元件名称	控制功能
输入	X1	SQ1	1 楼限位开关	1 楼位置检测
	X2	SQ2	2 楼限位开关	2 楼位置检测
	X3	SQ3	3 楼限位开关	3 楼位置检测
	X4	SQ4	4 楼限位开关	4 楼位置检测
	X5	SQ5	5 楼限位开关	5 楼位置检测
输出	Y1	HL1	1 楼信号灯	显示数字信号灯"1"
	Y2	HL2	2 楼信号灯	显示数字信号灯"2"

续表

	PLC 软元件	元件文字符号	元 件 名 称	控 制 功 能
输出	Y3	HL3	3 楼信号灯	显示数字信号灯"3"
	Y4	HL4	4 楼信号灯	显示数字信号灯"4"
	Y5	HL5	5 楼信号灯	显示数字信号灯"5"

2. 电路设计

五层电梯楼层显示接线图和梯形图如图 45-1 所示。

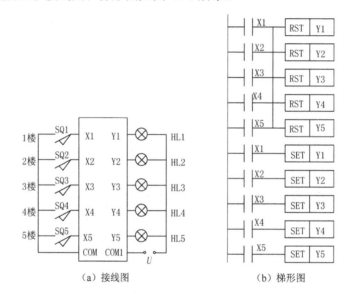

（a）接线图　　　　　　（b）梯形图

图 45-1　五层电梯楼层显示

3. 控制原理

当电梯轿厢到达某一层时，对应的楼层位置开关 SQ 动作，首先由 RST 指令将所有的输出信号（Y1～Y5）进行复位，随之由 SET 指令对该层的输出继电器进行置位，这是一个多输出置位优先电路（如果用复位优先电路，即 SET 指令放在前面，RST 指令放在后面，则无法使 Y1～Y5 得电置位）。当轿厢驶离该楼层时输入接点 X 断开，输出仍能置位，保持该楼层的输出信号，并输出显示到达楼层的信号灯，直到轿厢到达相邻楼层时才会消除。

实例 46　五层电梯控制

1. 五层电梯的基本控制要求

（1）在每层楼电梯门厅处都装有一个上行呼叫按钮和一个下行呼叫按钮，分别或同时按动上行按钮和下行按钮，该楼层信号将会被记忆，对应的信号灯亮（表示该层有乘客要上行或下行）。

（2）当电梯在上行过程中，如果某楼层有上行呼叫信号时（信号必须在电梯到达该层之前呼叫，如果电梯已经运行过该楼层，则在电梯下一次上行过程中响应该信号），则到该楼层电梯停止，消除该层上行信号，对应的上行信号灯灭，同时电梯门自动打开让乘客进入电梯上行。在电梯上行过程中，门厅的下行呼叫信号不起作用。

（3）当电梯在下行过程中，如果某楼层有下行呼叫信号时，则到该楼层电梯停止，消除该层下行信号，对应的下行信号灯灭，同时电梯门会自动打开让乘客进入电梯下行，在电梯下行过程中，门厅的上行呼叫信号不起作用。电梯在上行或下行过程中，经过无呼叫信号的楼层，且轿厢内没有该楼层信号时，电梯不停止也不开门。

（4）在电梯上行时，电梯优先服务于上行选层信号。在电梯下行时，电梯优先服务于下行选层信号。当电梯停在某层时，消除该层的选层信号。

（5）电梯在上行过程中，如果某楼层上行、下行都有呼叫信号时，电梯应优先服务于上行的呼叫信号。如果上一楼层无呼叫信号，而下一楼层有呼叫信号时，电梯服务于下一层信号。电梯在下行过程中的原理与电梯上行的工作原理相似。

（6）电梯在停止时，在轿厢内，可用按钮直接控制开门、关门。开门5s后若无关门信号时，电梯门将自动关闭。电梯在某楼层停下时，在门厅按下该层呼叫按钮也能开门。电梯在开门时，电梯不能上行、下行。电梯在上行或下行过程中电梯不能开门。在电梯门关闭到位后电梯方可上行或下行。在门关闭过程中人被门夹住时，门应立即打开。电梯采用高速启动运行、停止时，电梯先低速运行后到对应的楼层时准确停止。

（7）在每层楼电梯的门厅和轿厢内都装有电梯上、下行的方向显示灯和电梯运行到某一层的楼层数码管显示。在轿厢内设有楼层选层按钮和对应的楼层数字信号灯以及楼层数码管显示。

2. 电梯操作控制方式

电梯具备三种操作控制方式：乘客控制方式、司机控制方式和手动检修控制方式。

（1）乘客控制方式。在乘客控制方式下，乘客在某楼层电梯门厅处按上行呼叫按钮，或者下行呼叫按钮时，对应的上行或下行信号灯亮。电梯根据乘客的呼叫信号，按优先服务的运行方式运行到有呼叫信号的楼层处停止并自动开门。乘客进入轿厢后，可手动操作关门（按关门按钮），电梯门也可自动关闭，在控制梯形图中设置了电梯开门5s后电梯门自动关闭。乘客按下选层按钮时，对应的楼层信号灯亮，当电梯到达该楼层后，电梯停止并自动开门（也可手动开门），同时对应的选层信号灯灭。

（2）司机控制方式。在司机控制方式下，乘客不能控制电梯的上行、下行和停止，电梯的运行状态完全由轿厢内的司机控制。司机按下某楼层选层按钮时，对应的楼层信号灯亮，电梯运行到该楼层时停止，对应的信号灯灭，同时显示该楼层的楼层号，电梯门自动打开。电梯门关闭到位后，电梯自动运行至下一选定的楼层。

当乘客按下某一楼层的呼叫按钮时，轿厢内对应的楼层信号灯闪烁以告诉司机该楼层有乘客（乘客上行时对应的信号灯以1s的周期闪烁，乘客下行时对应的信号灯以4s的周期闪烁），司机可以根据情况选择到该层停止或不停止。

（3）手动检修控制方式。在手动检修控制方式下，检修人员可以根据情况选择高速或低速运行方式。电梯开门、关门、上行、下行分别有点动控制和连动控制两种方式，以方便检修工作，并可以不受楼层限位开关的控制，轿厢可以停在井道中的任何位置。而当电梯门开或关到极限位置时，轿厢上行到最上层或下行到最下层必须自动停止。在手动检修控制方式下，轿厢内和门厅处电梯上行、下行显示信号和楼层数字应能正常显示。

如图 46-1 所示为电梯电气元件布置图。

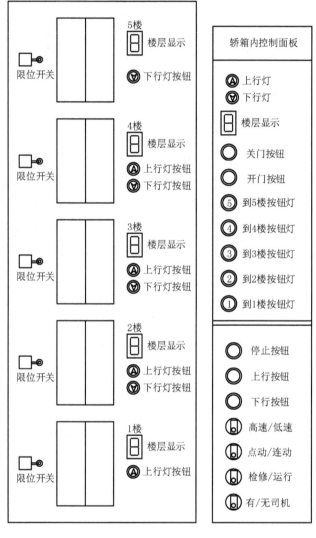

图 46-1　电梯电气元件布置图

控制方案设计

1. PLC 软元件分配表及控制功能

如表 46-1 所示，介绍了实例 46 中用到的 FX2N—48 型 PLC 软元件分配表。

表46-1　FX2N—48型PLC软元件分配表

软元件	功 能	1楼	2楼	3楼	4楼	5楼
输入X继电器	上呼按钮 手动按钮	X0 （上行）	X1 （下行）	X2 （低速）	X3 （点动）	
	下呼按钮		X4（停止）	X5	X6	X7
	内选层按钮	X10	X11	X12	X13	X14
	限位开关	X21	X22	X23	X24	X25
	其他	X15 开门	X16 关门	X17 手动	X20 司机	X26 开门限位　X27 关门限位
Y输出继电器	上呼信号灯	Y0	Y1	Y2	Y3	
	下呼信号灯		Y4	Y5	Y6	Y7
	内选信号灯	Y10	Y11	Y12	Y13	Y14
	电动机控制	Y15 开门	Y16 关门	Y17 上行	Y20 下行	Y21 低速
	数码管笔画	Y22 b笔画	Y23 c笔画	Y24 d、a笔画	Y25 e笔画	Y26 f笔画　Y27 g笔画
M辅助继电器	上呼信号	M0	M1	M2	M3	
	下呼信号		M4	M5	M6	M7
	内选信号	M10	M11	M12	M13	M14
	上或内选信号	M20	M21	M22	M23	
	下或内选信号		M41	M42	M43	M44
	上或下或内选信号	M31	M32	M33	M34	M35
	当前层记忆	M51	M52	M53	M54	M55
	其他	M100 上行辨别		M101 下行辨别	M102 停止信号	
T定时器	其他	T0 延时关门	T1 低速时间	T2 4s震荡	T3 4s震荡	

2．电路设计

五层电梯PLC控制接线图如图46-2所示。

3．梯形图设计控制原理

（1）门厅上行呼叫信号

门厅上行呼叫信号的用途：乘客在 1～4 楼层时，用按钮发出上行的信号以便告诉司机或直接控制电梯运行到乘客所在的楼层，控制梯形程序如图46-3所示。

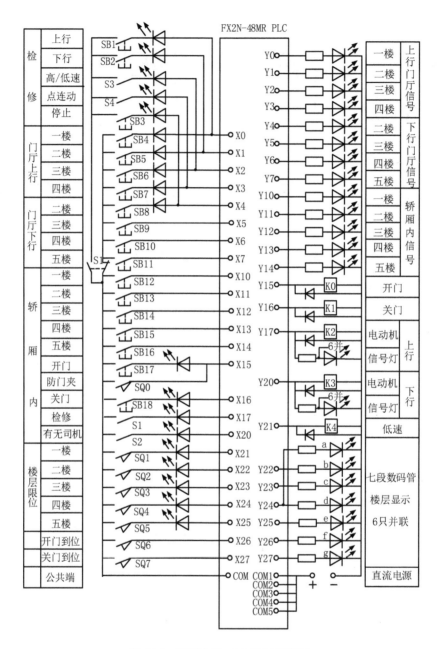

图 46-2 五层电梯 PLC 控制梯形图

X0～X3 输入继电器分别为 1～4 楼层的上行按钮，输出继电器 Y0～Y3 分别控制 1～4 楼层的上行信号灯，表示对应的按钮发出的命令，与同一楼层的上行按钮和上行信号灯装在一起，采用带灯按钮，当按钮按下时，按钮中的灯发红光显示向上行标志。

例如，1 楼的乘客按下上行按钮 X0 时，Y0 得电自锁，1 楼上行信号亮，当电梯轿厢下行到 1 楼时，1 楼限位开关 X21 动作，其上行信号灯 Y0 灭。

2 楼、3 楼和 4 楼的上行呼叫信号控制原理与 1 楼上行呼叫信号控制原理基本上是相同的。其中，M101 为下行标志，在下行时 M101=1，在上行时 M101=0，所以在上行过程中电梯上行到该楼层时，该楼层的上行信号灯熄灭。如果电梯在下行过程中到达该楼层，由于M101＝1，M101常开接点闭合，不能断开该楼层的上行信号灯。

5 楼是顶层，没有上行呼叫信号。

门厅上行呼叫信号主要起两个作用：一是当乘客按下对应楼层的上行按钮发出上行呼叫指令时，对应的信号灯亮，表示该指令已经输入，等待执行；二是控制电梯，在电梯上行的过程中，电梯经过有上行呼叫信号的楼层时会停下来。门厅上行信号只有在上行过程中，到指定地点（即碰到楼层限位开关）才消除信号，在下行过程中上行的信号应保持。

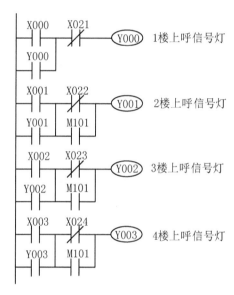

图 46-3　门厅上行呼叫信号梯形图

（2）门厅下行呼叫信号

门厅下行呼叫信号的用途：乘客在 2～5 楼层，乘客按下按钮发出下行信号以便告知司机（在司机控制方式下）或直接控制电梯（在乘客控制方式下）运行到乘客所在的楼层。门厅下行呼叫信号控制梯形程序如图 46-4 所示。图中 X4～X7 输入继电器分别为 2～5 楼层的下行呼叫按钮，输出继电器 Y4～Y7 分别控制 2～5 楼层的下行信号灯，表示对应的按钮所发出的指令，与同一楼层的下行按钮和下行信号灯装在一起，采用带灯按钮，当按钮按下时，按钮中发出绿光显示向下标志。

例如，5 楼乘客按下 5 楼下行按钮 X7 时，Y7 得电自锁，5 楼上行信号 Y7 亮，当电梯轿厢上行到 5 楼时，5 楼限位开关 X25 动作，其上行信号灯 Y7 灭。

2 楼、3 楼和 4 楼下行呼叫信号控制原理与 5 楼下行呼叫信号控制原理基本上相同。其中 M100 为上行标志，在上行时 M100＝1。在下行时 M100＝0，所以在下行过程中电梯上行到该楼层时，该楼层的上行信号灯熄灭。如果电梯在上行过程中到达该楼层，由于M100＝1，M100常开接点闭合，不能断开该楼层的上行信号灯。

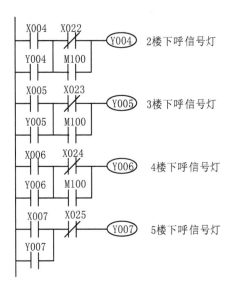

图 46-4　门厅下行呼叫信号梯形图

1 楼是底层，没有下行呼叫信号。

门厅下行呼叫信号也主要起两个作用：一是当乘客按下对应楼层的下行呼叫按钮发出下行呼叫信号指令时，对应的信号灯显示该指令已经存入 PLC 中，等待执行；二是控制电梯在下行过程中经过有下行呼叫指令的楼层停下来，使下行乘客进入轿厢，并清除所停楼层的下行呼叫信号。

电梯在下行过程中只能清除下行呼叫信号，不能消除反方向的上行呼叫信号，以便在上行过程中执行。同理，电梯在上行过程中只能清除上行呼叫信号。

（3）轿厢内选层信号

如图 46-5 所示，图中 X10～X14 输入继电器分别为轿厢内 1～5 楼层的选层信号按钮，辅助继电器 M10～M14 分别为 1～5 楼层的选层记忆信号。

例如，轿厢内某乘客要到二楼，按下 2 楼下行按钮 X11 时，M11 得电自锁，当电梯轿厢行驶到 2 楼时，2 楼限位开关 X22 动作，M11 失电，解除 2 楼的选层记忆信号。

（4）轿厢内选层信号灯的控制

轿厢内选层信号灯用于显示轿厢应到达的楼层，选层信号灯有两种工作方式。

① 乘客控制操作方式：在这种工作方式下，当轿厢内乘客按下某层按钮时，对应的选层信号灯显示所到的楼层，把楼层的选层按钮和信号灯装在一起，采用带信号灯的按钮，例如，轿厢里的乘客要到 4 楼，按下 4 楼选层按钮，则按钮中的信号灯亮显示"4"，电梯到达 4 楼后，消除信号，4 楼选层信号灯灭。轿厢内选层信号灯控制梯形图如图 46-6 所示。

② 司机控制工作方式：在这种工作方式下，电梯的工作方式完全由司机操作控制，乘客不能控制电梯的运行，但可以向司机发出请求信息。司机可以根据请求信息控制电梯来接送乘客，如果有一层楼都向轿厢内发送上行和下行信号则将使电路复杂，占用输出点增加，为了简化电路，节省可编程控制器的输出点，采用一个信号灯多种显示方式来表示不同的信号。在上行呼唤指令中串入一秒钟脉冲信号，当有上行呼唤指令时，指令灯按 1Hz 频率闪光。在下行呼唤信号串入 4s 脉冲信号。当有下行呼唤信号时信号灯按 0.25Hz 频率闪光。当

有轿厢内选信号时，信号灯常亮，不闪动，选层信号灯的工作时序如图 46-7 所示。

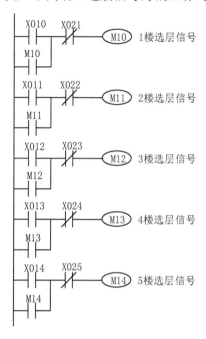

图 46-5 轿厢内选层信号梯形图

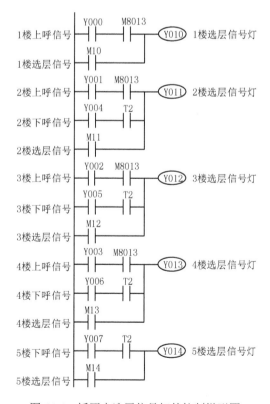

图 46-6 轿厢内选层信号灯的控制梯形图

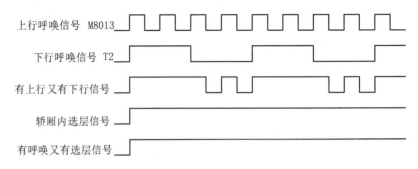

图 46-7　轿厢内信号灯工作时序图

由图 46-7 轿厢内信号灯工作时序图可知，电梯在上行、下行、呼唤指令及轿厢内选层指令之间，优先显示轿内选层指令，这是因为在司机操作控制方式下选层指令可以控制电梯运行，而上下行呼唤指令只是请求指令，不能控制电梯的运行。

（5）楼层位置信号

楼层位置记忆信号用于电梯的上、下行控制和楼层数码显示。如图 46-8 所示，在电梯运行过程中，必须要知道轿厢所在的楼层位置，而楼层位置是由各楼层的位置开关（X21～X25）来检测的，位置开关由一定长度的挡块来控制，起平层作用，为了保证准确停车，轿厢的牵引方式采用摩擦式上下平衡配重驱动，由于轿厢和配重物的重量基本相等，所以电梯的上行和下行的运行惯性相同。当轿厢运行到某一层时，限位开关在上行时碰到挡块的上端，或在下行时碰到挡块的下端，当限位开关动作时，电梯进入低速运行状态，运行一定时间后当限位开关处于挡块中部时停止，从而达到平层控制的作用。

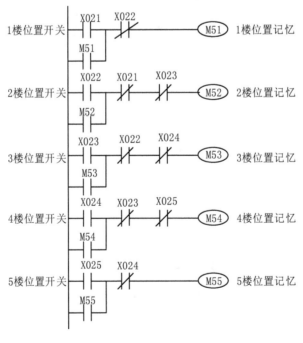

图 46-8　楼层位置信号梯形图

当限位开关动作时，限位开关接点受挡块碰撞而闭合，但是当轿厢驶离时，限位开关将脱离挡块而复位，使信号消失，为了保持信号，在梯形图中采用自锁接点。当电梯到达相邻楼层，碰到位置开关时消除记忆，同时对所到达的楼层位置进行记忆。例如，当轿厢到达2楼时，X22动作，M52得电自锁，当轿厢离开2楼时，M52仍得电，当上行到3楼碰到位置开关X23，或下行到1楼碰到位置开关X21时，M52失电。

（6）七段数码管显示

七段数码管显示的笔画如图46-9所示，在1楼时，1楼的限位开关X21动作，使1楼限位记忆继电器M51=1，显示数字"1"（b，c笔画亮）表示轿厢在1楼，同理，轿厢在2楼时，M52=1数码显示2（a，b，g，e，d笔画亮表示轿厢在2楼）。

根据上述各楼限位记忆继电器M51～M55和笔画对应关系如表46-2所示。

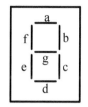

图46-9 数码管笔画

表46-2 M51～M55与笔画对应关系图

楼层位置开关	楼层记忆信号	楼层数码显示	Y24 a	Y22 b	Y23 c	Y24 d	Y25 e	Y26 f	Y27 g
X21	M51	1		1	1				
X22	M52	2	1	1		1	1		1
X23	M53	3	1	1	1	1			1
X24	M54	4		1	1			1	1
X25	M55	5	1		1	1		1	1

根据表46-2写出数码管笔画的逻辑表达式：

笔画b：$Y22=M51+M52+M53+M54=\overline{\overline{M51}\cdot\overline{M52}\cdot\overline{M53}\cdot\overline{M54}}$

笔画c：$Y23=M51+M53+M54+M55=\overline{\overline{M51}\cdot\overline{M53}\cdot\overline{M54}\cdot\overline{M55}}$

笔画a，d：$Y24=M52+M53+M55=\overline{\overline{M52}\cdot\overline{M53}\cdot\overline{M55}}$

笔画e：$Y25=M52$

笔画f：$Y26=M54+M55=\overline{\overline{M54}\cdot\overline{M55}}$

笔画g：$Y27=M52+M53+M54+M55=\overline{\overline{M52}\cdot\overline{M53}\cdot\overline{M54}\cdot\overline{M55}}$

根据逻辑表达式画出梯形图，为了使梯形图紧凑，将常开接点并联改为常闭接点串联再取反来表示，如图46-10所示。

（7）楼层呼叫选层综合信号

在电梯控制中，电梯的运行是根据门厅的上下行按钮呼叫信号和轿厢内选层按钮呼叫信号来控制的。在司机控制的方式下，要对门厅的上下行按钮呼叫信号进行屏蔽，应将上下行按钮呼叫输出信号Y0～Y7转换成内部信号M0～M7，如图46-11所示。在司机控制的方式下，X20=1，只将M0～M7复位，而Y0～Y7不复位。

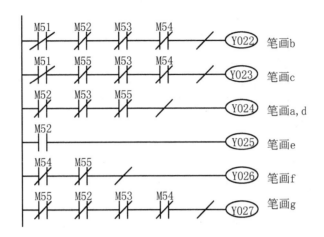

图 46-10　数码输出显示梯形图

T2、T3 组成一个 2s 断、2s 通的振荡电路，用于轿厢内信号灯的下呼信号显示。

为了使上下行辨别控制梯形图清晰简练，将每一层的门厅的上下行呼叫信号和轿厢内选层呼叫信号用一个辅助继电器来表示，如图 46-12 所示。

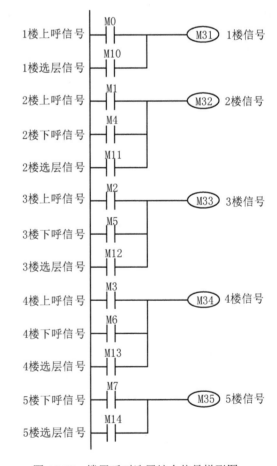

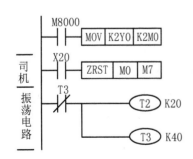

图 46-11　司机控制的方式和 4s 震荡梯形图　　　图 46-12　楼层呼叫选层综合信号梯形图

在乘客控制的方式下，X20=0，各楼层信号 M31～M35 接收乘客的门厅呼叫信号 M0～M7。

在司机控制的方式下，X20=1，M0～M7 被复位，各楼层信号 M31～M35 不接收乘客的门厅呼叫信号 M0～M7。也就是说，乘客在门厅不能控制电梯，但是给出灯光信号，参见"轿厢内选层信号灯的控制"。

（8）上下行辨别控制信号

上下行辨别控制信号梯形图如图 46-13 所示（控制原理请参见"实例 14　五站点呼叫小车"）。

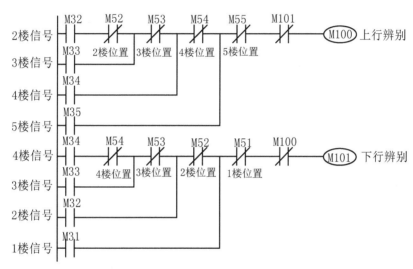

图 46-13　上下行辨别控制信号梯形图

（9）开门控制

开门控制梯形图如图 46-14 所示。

电梯只有在停止的时候 Y17=0，Y20=0 时，才能开门。

开门有 4 种情况：

① 当电梯行驶到某楼层停止时，电梯由高速转为低速运行 T1 时间时，T1 接点闭合，Y15 得电并自锁开门。门打开时碰到开门限位开关 X26，Y15 失电。开门结束。

② 在轿厢中，按下开门按钮 X15 时，开门。

③ 在关门的过程中，若有人被门夹住，此时与开门按钮并联的限位开关 X15 动作，断开关门线圈 Y16，接通开门线圈 Y15，将门打开。

④ 轿厢停在某一层时，在门厅按下上呼按钮或按下下呼按钮，开门。例如，厢停在 3 楼时，3 楼限位开关 X23=1，乘客按下 3 楼的上呼按钮 X2 或按下下呼按钮 X5，电梯开门。而其他楼层按按钮不开门。

（10）关门控制

关门控制梯形图如图 46-15 所示，电梯门正常是关着的，如果门开着，则开门限位开关 X26=1，T0 得电延时 5s，T0 接点闭合，Y16 得电自锁，将电梯门自动关闭。关门到位时，关门限位开关 X27=1，Y16 失电。关门结束。

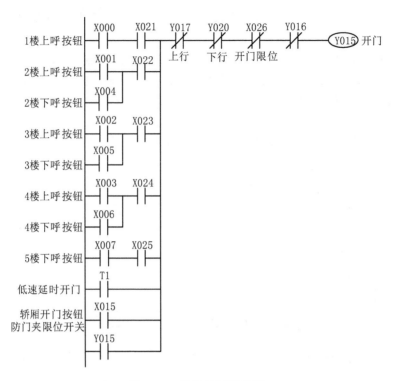

图 46-14　开门控制梯形图

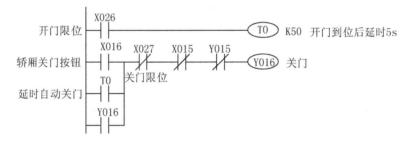

图 46-15　关门控制梯形图

在轿厢中，按下关门按钮 X16 时，电梯立即关门。

当关门过程中，若有人被门夹住，限位开关 X15 动作停止关门，并将门打开。

有人在轿厢中按住开门按钮 X15，门将不能关闭。

（11）停止信号

停止信号梯形图如图 46-16 所示，电梯在运行过程中到哪一层停止，取决于门厅呼叫信号和轿厢内选层信号。

根据控制要求，电梯在上行过程中只接受上行呼叫信号和轿厢内选层信号，当有上行呼叫信号和轿厢内选层信号时，M100=1，M100 常开接点闭合，如果 3 楼有人按下上呼按钮，则 Y2 得电并自锁，当电梯上行到 3 楼时，位置开关 X23 动作，M102 发出一个停止脉冲。当电梯上行到最高层 5 楼时，M100 由 1 变成 0，M100 下降沿接点接通一个扫描周期，使 M102 发出一个停止脉冲。

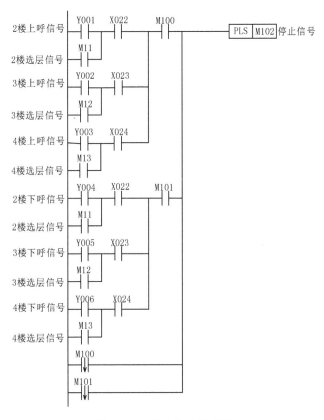

图 46-16　停止信号梯形图

　　电梯在下行过程中只接受下行呼叫信号和轿厢内选层信号，当有下行呼叫信号和轿厢内选层信号时，M101＝1，M101 常开接点闭合，例如，1 楼有人按下上呼按钮，当电梯下行到最低层 1 楼时，M101 由 1 变成 0，M101 下降沿接点接通一个扫描周期，使 M102 发出一个停止脉冲。

　　（12）升降电机控制

　　升降电机控制梯形图如图 46-17 所示。

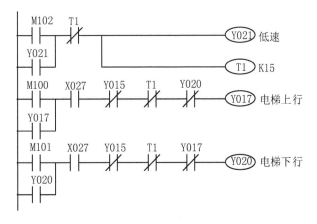

图 46-17　升降电机控制梯形图

当上行信号 M100=1 时，门关闭后，关门限位开关 X27 闭合，Y17 得电，电梯上行。当某楼层有上行或轿厢选层信号时，M102 发出停止脉冲，接通 Y21，Y17 和 Y21 同时得电，升降电机低速运行。定时器 T1 延时 1.5s 断开 Y17 和 Y2，电梯停止。

如果轿厢停止到某楼层时，楼上已经没有上行或轿厢选层信号，则 M100=0，但是 Y17 自锁，此时停止脉冲 M102，接通 Y21，Y17 和 Y21 同时得电，升降电机低速运行。定时器 T1 延时 1.5s 断开 Y17 和 Y2，电梯停止。

（13）手动检修控制方式

手动检修控制方式 PLC 接线如图 46-18 所示。

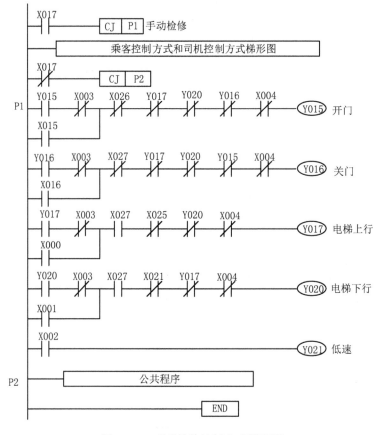

图 46-18　手动检修控制方式梯形图

电梯一般需要定期检修，当开关 S1 动作时，S1 常闭接点断开门厅呼叫按钮 SB4～SB11，门厅呼叫信号无效，输入继电器 X0～X7 可以另做他用。S1 常开接点接通检修用的控制电路。S1 另一常开接点接通 X17。

X17 常开接点闭合，执行跳转指令 CJ P1。跳过乘客控制方式和司机控制方式梯形图。X17 常闭接点断开，不执行跳转指令，而手动梯形图被执行。

X0 用于电梯上行控制，X1 用于电梯下行控制，X2 用于电梯低速运行，X3 用于点动连动控制，X1 用于停止控制。

4．五层电梯控制总图

电梯控制总梯形图如图 46-19 所示。

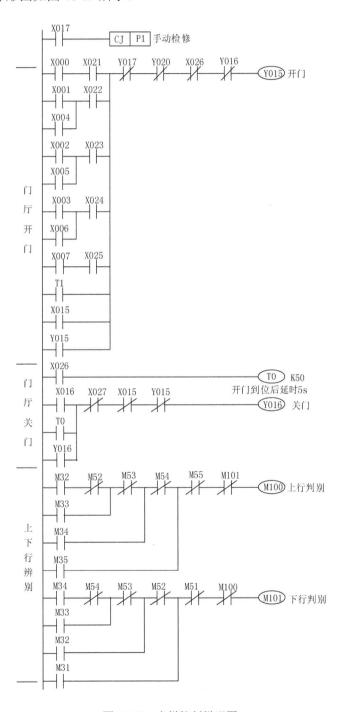

图 46-19 电梯控制梯形图

图 46-19　电梯控制梯形图（续 1）

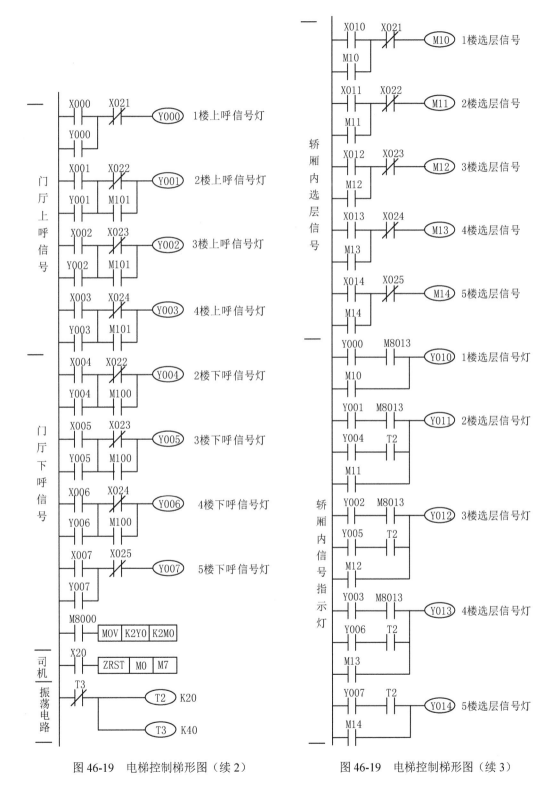

图 46-19 电梯控制梯形图（续 2）   图 46-19 电梯控制梯形图（续 3）

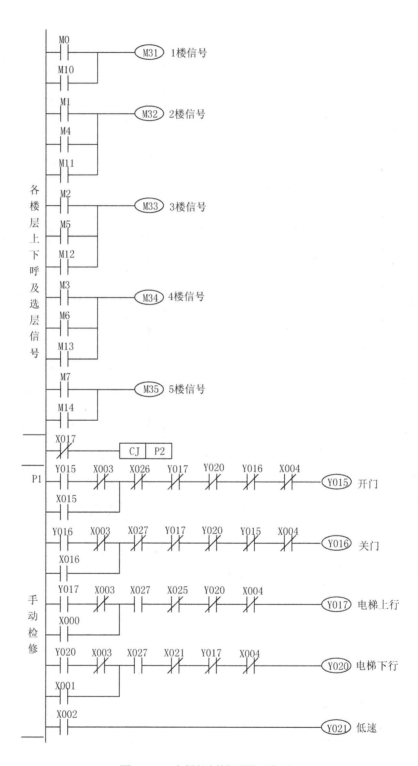

图 46-19　电梯控制梯形图（续 4）

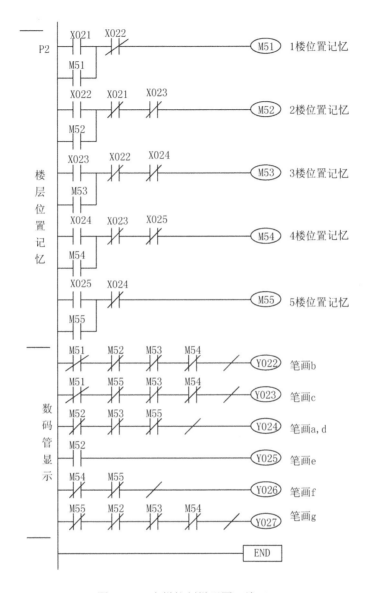

图46-19　电梯控制梯形图（续5）

分类七 报警控制

实例 47 预警启动

为了保证运行安全，许多大型生产机械在运行启动之前用电铃或蜂鸣器发出报警信号，预示机器即将启动，警告人们迅速退出危险地段。

控制要求：

启动时，按一下启动按钮，电铃响 3s，电动机自动启动，按停止按钮电动机立即停止。

控制方案设计

1. 输入/输出元件及控制功能

如表 47-1 所示，介绍了实例 47 中用到的输入/输出元件及控制功能。

表 47-1　输入/输出元件及控制功能

	PLC 软元件	元件文字符号	元 件 名 称	控 制 功 能
输入	X0	SB1	启动按钮	电动机启动
	X1	SB2	停止按钮	电动机停止
输出	Y0	HA	电铃	启动报警
	Y1	KM	接触器	电动机控制

2. 电路设计

电动机预警启动控制 PLC 接线图和梯形图如图 47-1 所示。

3. 控制原理

按下启动按钮 SB1，X0 接点闭合，定时器 T0 和输出继电器 Y1 同时得电并自锁，电铃 HA 响，定时器 T0 延时 3s，断开 Y1，电铃停止，Y0 得电仍自锁，接触器线圈 KM 得电，驱动电动机运行。按下停止按钮（常闭）SB2，X1 输入继电器线圈失电，X1 常开接点断开，使 Y0 失电，电动机停止运行。

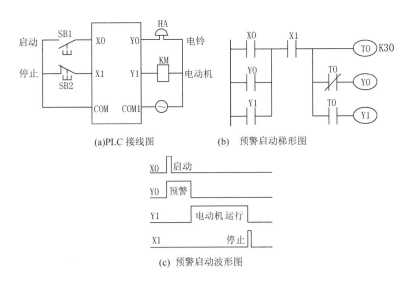

(a)PLC 接线图　　　　　　(b)　预警启动梯形图

(c) 预警启动波形图

图 47-1　预警启动之一

实例48　正反转预警启动

预警启动控制方式采用定时器控制预警时间。当定时时间到后，自动启动。在某些情况下，如果人不能在规定时间内离开危险场所，设备一旦启动，将会造成危险。

下面的控制采用启动按钮控制警铃的报警时间。

控制方案设计

1. 输入/输出元件及控制功能

如表 48-1 所示，介绍了实例 48 中用到的输入/输出元件及控制功能。

表 48-1　输入/输出元件及控制功能

	PLC 软元件	元件文字符号	元 件 名 称	控 制 功 能
输入	X0	SB1	停止按钮	电动机停止
	X1	SB2	正转启动按钮	电动机正转启动
	X2	SB3	反转启动按钮	电动机反转启动
输出	Y0	HA	电铃	启动报警
	Y1	KM1	正转接触器	电动机正转控制
	Y2	KM2	反转接触器	电动机反转控制

2．电路设计

用按钮控制一台电动机的正反转：启动时，按下正转或反转按钮，警铃报警，警告工作人员离开危险场所。当人员离开危险场所，松开按钮，报警结束。电动机启动，这样掌握现场情况，灵活控制报警时间。如果按下启动按钮报警后，可能碰到危险不能启动，可按下停止按钮后，再松开启动按钮，即可中止启动。电动机的正反转预警启动 PLC 接线图和梯形图如图 48-1 所示。

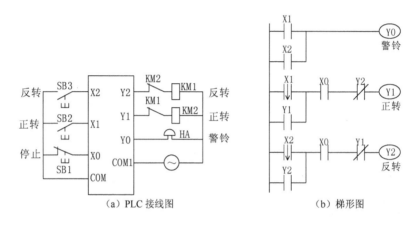

（a）PLC 接线图　　　　　　　　（b）梯形图

图 48-1　预警启动之二

3．控制原理

按下正转启动按钮 SB2，X1 接点闭合，输出继电器 Y0 得电，警铃 HA 响，松开按钮 SB1，警铃停止，X1 下降沿接点产生一个脉冲，使 Y1 得电并自锁，接触器线圈 KM1 得电，驱动电动机正转运行。

按下停止按钮（常闭）SB1，X0 输入继电器线圈失电，X0 常开接点断开，使 Y1 失电，电动机停止运行。

如果按下启动（正转或反转）按钮报警后，发现有危险不能启动，可再按下停止按钮 X0，使 Y1、Y2 不能得电，之后松开启动按钮，就可中止启动。

实例 49　预警启动定时运行

控制一台电动机，按下启动按钮预警，松开启动按钮，报警结束，电动机启动运行，10min 后停止。

控制方案设计

1．输入/输出元件及控制功能

如表 49-1 所示，介绍了实例 49 中用到的输入/输出元件及控制功能。

表 49-1 输入/输出元件及控制功能

	PLC 软元件	元件文字符号	元 件 名 称	控 制 功 能
输入	X0	SB	点动按钮	电动机启动
输出	Y0	KM	接触器	电动机启动控制
	Y1	HA	电铃	报警

2．电路设计

预警启动、定时运行接线图、梯形图和波形图如图 49-1 所示。

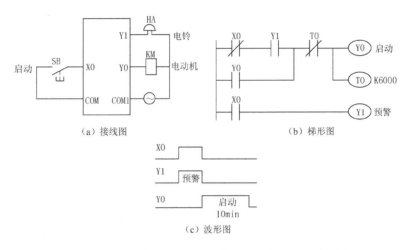

（a）接线图　　　　　（b）梯形图

（c）波形图

图 49-1 预警启动、定时运行接线图、梯形图和波形图

3．控制原理

按下启动按钮 SB，X0=1，Y1=1，电铃响，Y1 接点闭合，为 Y0 得电做好准备。松开启动按钮，Y1=0 报警结束，X0 常闭接点闭合，Y0 得电并自锁，电动机启动，同时定时器 T0 得电，延时 600s，T0 常闭接点断开，Y0=0，电动机停止。

实例 50　预警停车

控制一台电动机，按下启动按钮，电动机启动运行。按下停止按钮，报警铃响，3s 后报警铃和电动机停止。

控制方案设计

1．输入/输出元件及控制功能

如表 50-1 所示，介绍了实例 50 中用到的输入/输出元件及控制功能。

表 50-1　输入/输出元件及控制功能

	PLC 软元件	元件文字符号	元 件 名 称	控 制 功 能
输入	X0	SB1	启动按钮	电动机启动
	X1	SB2	停止按钮	电动机停止
输出	Y0	KM	接触器	电动机启动控制
	Y1	HL	警铃	报警电动机停止报警

2．电路设计

电动机预警停止 PLC 接线图和梯形图如图 50-1 所示。

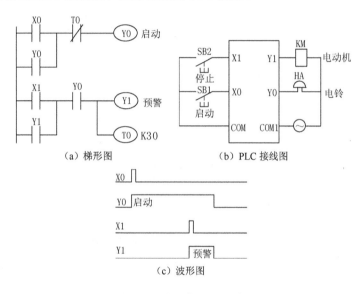

（a）梯形图　　　　　（b）PLC 接线图

图 50-1　电动机预警停止

3．控制原理

按下启动按钮 SB1，X0=1，Y0 得电，电动机启动并自锁，Y0 接点闭合，为 Y1 得电做好准备。

按下停止按钮 SB2，X1=1，Y1 得电并自锁，电铃响报警，同时定时器 T0 得电，延时 3s，T0 常闭接点断开，Y0=0，电动机停止，Y0 接点断开，报警电铃停止。

实例 51　用一个按钮定时预警启动/停止控制

用一个按钮控制一台电动机预警启动和停止。按下按钮，预警铃响 5s 后电动机启动运行。再按一下按钮，预警铃响 5s 后预警铃和电动机停止。

控制方案设计

1. 输入/输出元件及控制功能

如表 51-1 所示，介绍了实例 51 中用到的输入/输出元件及控制功能。

表 51-1 输入/输出元件及控制功能

	PLC 软元件	元件文字符号	元 件 名 称	控 制 功 能
输入	X0	SB	按钮	电动机启动停止
输出	Y0	HL	警铃	电动机启动停止报警
	Y1	KM	接触器	电动机启动控制

2. 电路设计

电动机定时预警启动停止控制的 PLC 接线图和梯形图如图 51-1 所示。

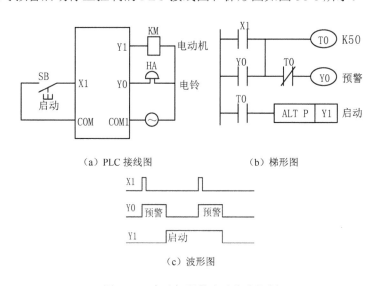

（a）PLC 接线图 （b）梯形图

（c）波形图

图 51-1 电动机预警启动停止控制

3. 控制原理

按一下按钮，X1 接通，Y0 得电并自锁开始预警，同时定时器 T0 得电。5s 后 T0 接点动作，Y0 失电，执行 ALTP Y1 指令，Y1 状态取反，Y1 得电电动机启动并保持，定时器 T0 失电。

当再按一下按钮，X1 再接通，Y0 又得电并自锁，开始预警，同时定时器 T0 得电。5s 后接点 T0 动作，Y0 失电，同时 Y1 状态再取反，Y1 失电，电动机停止，定时器 T0 失电。

实例 52　用一个按钮预警启动/停止控制

　　用一个按钮控制一台电动机报警、停止和启动。启动时按下按钮，报警铃响，再按一下按钮后报警停止，电动机启动运行。停止时，按一下按钮，报警铃响，再按一下按钮报警铃和电动机停止。

控制方案设计

1. 输入/输出元件及控制功能

如表 52-1 所示，介绍了实例 52 中用到的输入/输出元件及控制功能。

表 52-1　输入/输出元件及控制功能

	PLC 软元件	元件文字符号	元件名称	控制功能
输入	X0	SB	按钮	电动机启动停止控制
输出	Y0	HL	警铃	电动机启动停止报警
	Y1	KM	接触器	电动机启动控制

2. 电路设计

根据控制要求可知，控制过程可分为 4 个工步：停止、启动报警、启动运行和停止报警。用加 1 指令对 M1，M0 计数，列出其真值表如表 52-1 所示。

表 52-1　真值表

工　步	计 数 值			PLC 输出	
	数　值	M1	M0	接触器 Y1	警铃 Y0
停止	0	0	0	0	0
启动报警	1	0	1	0	1
启动运行	2	1	0	1	0
停止报警	3	1	1	1	1

由表 52-1 可得逻辑表达式：

$$Y0=M0$$
$$Y1=M1$$

根据上述逻辑表达式得出梯形图如图 52-1 所示。

3. 控制原理

初始状态 K1M0=0，按一下按钮，加 1 指令 INCP 加 1，K1M0=1，M0=1，Y0=1 报警，再按一下按钮，INCP 加 1，K1M0=2，M1=1，M0=0，Y0=0 报警结束，Y1=1，电动机

启动。再按一下按钮，INCP 加 1，K1M0=3，M1=1，M0=1，Y0=1 报警，Y1=1，电动机仍运行。再按一下按钮，INCP 加 1，K1M0=4，M1=0，M0=0，Y0=0 报警结束，Y1=0，电动机停止。

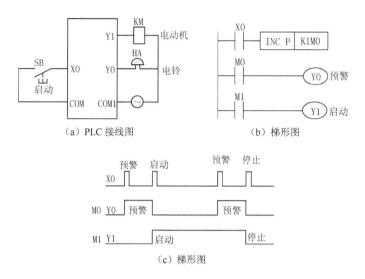

（a）PLC 接线图　　　　　（b）梯形图

（c）梯形图

图 52-1　用一个按钮控制一台电动机启动、停止和报警图

实例 53　门铃兼警铃

在房间里安装一个电铃，当有人按门铃按钮时，门铃以断续声音响 3s，当有人触及防盗报警系统时，发出报警信号，门铃直接响并保持，直到按下复位按钮。

控制方案设计

1. 输入/输出元件及控制功能

如表 53-1 所示，介绍了实例 53 中用到的输入/输出元件及控制功能。

表 53-1　输入/输出元件及控制功能

	PLC 软元件	元件文字符号	元 件 名 称	控 制 功 能
输入	X0	SB1	按钮	门铃
	X1	SB2	按钮	警铃复位
	X2	SQ	接近开关	报警
输出	Y0	HA	电铃	门铃兼警铃

2. 电路设计

门铃兼警铃 PLC 接线图和梯形图如图 53-1 所示。

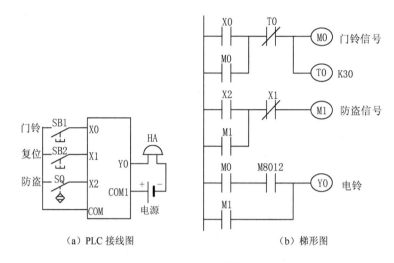

（a）PLC 接线图　　　　　　　　（b）梯形图

图 53-1　门铃兼警铃

3. 控制原理

当有人按动门铃按钮 SB1 时，X0 接点闭合，辅助继电器 M0 和定时器 T0 得电并自锁。M0 接点闭合经 0.1s 脉冲 M8012，使 Y0 得电产生脉冲输出，使电铃 HA 产生断续铃声，3s 后停止。

如果有人触及防盗报警系统时，X2 接点接通，使辅助继电器 M1 得电并自锁，M1 接点使 Y0 直接得电，使电铃 HA 产生连续铃声，这时只有按下复位按钮 SB2，使 X1 接点切断 M1，才能解除铃声。

分类八　多位开关控制

实例 54　凸轮控制器

用 PLC 凸轮控制器指令组成一个具有 12 位 4 接点的凸轮控制器，输出接点通断状态如图 54-1 所示。

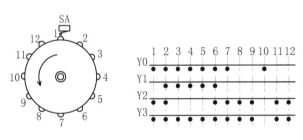

图 54-1　12 位 4 接点凸轮控制器

控制方案设计

1. 输入/输出元件及控制功能

如表 54-1 所示，介绍了实例 54 中用到的输入/输出元件及控制功能。

表 54-1　输入/输出元件及控制功能

	PLC 软元件	元件文字符号	元 件 名 称	控 制 功 能
输入	X0	SA	输入接点	凸轮控制器控制接点
输出	Y0	S1	输出接点 1	输出控制
	Y1	S2	输出接点 2	输出控制
	Y2	S3	输出接点 3	输出控制
	Y3	S4	输出接点 4	输出控制

2. 电路设计

根据凸轮控制器 4 个输出接点设定 M0、M1、M2、M3 的导通、断开点数值依次用 MOV 指令写入 D0～D7 中，如图 54-2 所示。

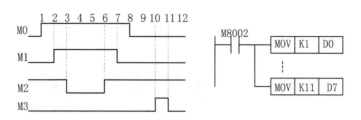

图 54-2　M0～M3 通断时序图和通断点设置指令梯形图

```
导通点    断开点    输出
D0=1      D1=8      M0
D2=2      D3=7      M1
D4=6      D5=3      M2
D6=10     D7=11     M3
```

设置：Y0=M0+M3，Y1=M1，Y2=M2+$\overline{M3}$，Y3=$\overline{M3}$，则梯形图如图 54-3（a）所示。

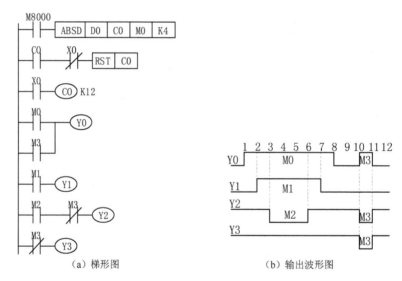

（a）梯形图　　　　　　　　　　　　（b）输出波形图

图 54-3　凸轮控制器梯形图

3．控制原理

凸轮控制器和主令控制器万能转换开关的控制原理基本是一致的，都相当于一个旋转式的选择开关，开关在不同的位置对应不同的输出，并可控制多路输出。在 FX_{2N} 型 PLC 中有两种凸轮控制器的功能指令，一种是功能指令 ABSD 绝对方式凸轮控制器，一种是功能指令 INCD 增量方式凸轮控制器。

绝对方式凸轮控制器是采用计数器计数的控制方式进行输出控制的。如图 54-1 所示，用一个凸轮圆盘和一个开关组成一个凸轮控制器，控制下面的 4 路输出，输出波形如图 54-3（b）所示，圆盘每隔 30°装一个凸轮，圆盘每转 30°开关 SA 动作一次，用计数器对开关 SA 的动作次数进行计数，这里设置 M0、M1、M2、M3 共 4 路输出，用计数值控制每路的通断，例如，M1 计数值为 2 时导通，当计数值为 7 时断开。

由功能指令 ABSD D0 M0 K4 组成 M0、M1、M2、M3 共 4 路输出，用图 54-2 梯形图中 MOV 指令将 4 路输出的导通点和断开点分别传送到 D0～D7 中。

转动圆盘，限位开关 SA（X0）产生通断脉冲，计数器 C0 对脉冲进行计数，C0 为循环计数器，M0～M3 根据 D0～D7 中设定的导通点和断开点动作。Y0～Y3 根据 M0～M3 的逻辑关系进行输出。

实例 55　用凸轮控制器控制 4 台电动机顺启逆停

用一个按钮控制 4 台电动机 M1～M4 顺序启动逆序停止。每按一次按钮，按 M1→M4 顺序启动一台电动机，全部启动后，每按一次按钮，按 M4→M1 逆序停止一台电动机。要求用 ABSD（绝对方式）凸轮控制器指令控制。如果前一台电动机因故障停止，后一台电动机也要停止。

控制方案设计

1. 输入/输出元件及控制功能

如表 55-1 所示，介绍了实例 55 中用到的输入/输出元件及控制功能。

表 55-1　输入/输出元件及控制功能

	PLC 软元件	元件文字符号	元件名称	控制功能
输入	X0	SB	控制按钮	电动机启动停止控制
输出	Y0	KM1	接触器 1	电动机 M1 启动
	Y1	KM2	接触器 2	电动机 M2 启动
	Y2	KM3	接触器 3	电动机 M3 启动
	Y3	KM4	接触器 4	电动机 M4 启动

2. 电路设计

4 台电动机顺序启动，逆序停止主电路图和 PLC 接线图如图 55-1 所示。

根据 4 台电动机顺序启动，逆序停止的控制过程，将上述的上升、下降点 1、8、2、7、3、6、4、5 用 MOV 指令依次写入 D0～D7 中，如图 55-2（a）所示。用一个按钮 X0 控制 4 台电动机顺序启动，逆序停止的梯形图如图 55-2 所示。

3. 控制原理

当第一次按按钮时，计数器 C0 的计数值为 1，即为 Y0 的上升点，Y0 得电，第一台电动机 0 启动。当第二次按按钮时，计数器 C0 的计数值为 2，即为 Y1 的上升点，Y1 得电，第二台电动机启动。再按两次按钮，分别启动第三台和第四台电动机。

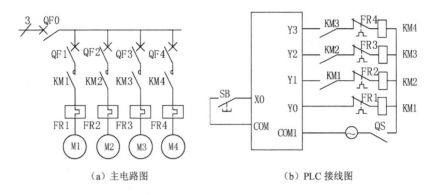

图 55-1　4 台电动机顺序启动，逆序停止主电路图和 PLC 接线图

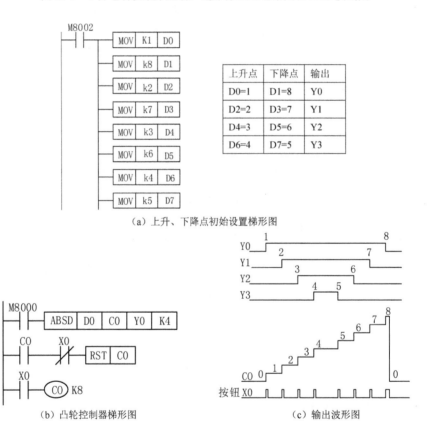

上升点	下降点	输出
D0=1	D1=8	Y0
D2=2	D3=7	Y1
D4=3	D5=6	Y2
D6=4	D7=5	Y3

（a）上升、下降点初始设置梯形图

（b）凸轮控制器梯形图

（c）输出波形图

图 55-2　梯形图及波形图

第五次按按钮时，计数器 C0 的计数值为 5，即为 Y3 的下降点，Y3 失电，第四台电动机先停。再按三次按钮，Y2、Y1、Y0 相继失电，分别停止第三台、第二台和第一台电动机，最后一次松开按钮时计数器清零。

本电路要求前一台电动机先启动，后一台电动机才能启动，如果前一台电动机因故障停止，后一台电动机也要停止，所以要在 PLC 接线图中加 KM1、KM2、KM3 的连锁接点。

实例 56　用凸轮控制器控制 4 台电动机轮换运行

控制 4 台电动机 M1～M4，要求每次只运行两台电动机，4 台电动机轮换运行，每台电动机连续运行 12h，要求用 INCD（增量方式）凸轮控制器指令。

控制方案设计

1．输入/输出元件及控制功能

如表 56-1 所示，介绍了实例 56 中用到的输入/输出元件及控制功能。

表 56-1　输入/输出元件及控制功能

	PLC 软元件	元件文字符号	元 件 名 称	控 制 功 能
输入	X0	SB1	按钮	电动机启动控制
	X1	SB2	按钮	电动机停止控制
输出	Y0	HL	信号灯	启动信号
	Y1	KM1	接触器 1	电动机 M1 启动
	Y2	KM2	接触器 2	电动机 M2 启动
	Y3	KM3	接触器 3	电动机 M3 启动
	Y4	KM4	接触器 4	电动机 M4 启动
	Y5	KM5	接触器 5	电动机 M5 启动

2．电路设计

4 台电动机轮换运行主电路图和 PLC 接线图如图 56-1 所示。

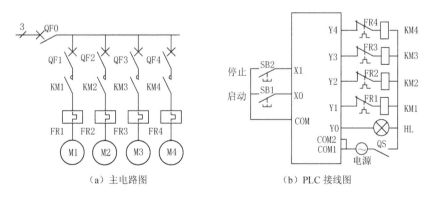

（a）主电路图　　　　　　（b）PLC 接线图

图 56-1　4 台电动机轮换运行主电路图、PLC 接线图和梯形图

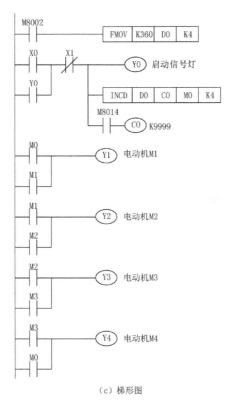

（c）梯形图

图 56-1　4 台电动机轮换运行主电路图、PLC 接线图和梯形图（续）

3. 控制原理

PLC 初次运行时由 FMOV 指令依次将 360 同时写入 D0～D3 中。

当按下启动按钮 X0 时，Y0 得电自锁，启动信号灯 EL 亮，执行 INCD 指令，计数器 C0 对分脉冲 M8014 进行计数，相当于一个定时器，当计数值等于 D0～D3 中的数值 360 时，延时时间为 360min（6h），计数器 C0 重新计数，输出结果如图 56-2 所示。由梯形图可得出 Y1～Y4 的时序图。

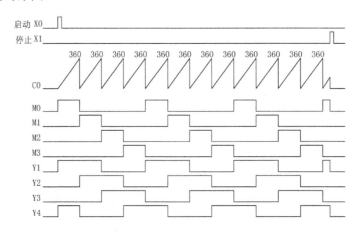

图 56-2　凸轮控制器时序图

实例 57 选择开关

用一个按钮 X0 控制一个八位选择开关，每按一次按钮，接通一个辅助继电器接点。

控制方案设计

1. 输入/输出元件及控制功能

如表 57-1 所示，介绍了实例 57 中用到的输入/输出元件及控制功能。

表 57-1 输入/输出元件及控制功能

	PLC 软元件	元件文字符号	元 件 名 称	控 制 功 能
输入	X0	SB	控制按钮	接点选择
输出	M0		软接点 1	接点 1
	M1~M6		软接点 2~7	接点 2~7
	M7		软接点 8	接点 8

2. 电路设计

用一个按钮控制一个八位选择开关的梯形图如图 57-1 所示。

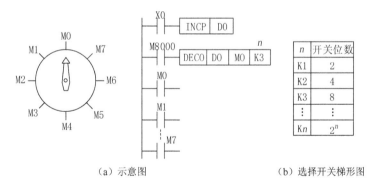

（a）示意图　　　　　　（b）选择开关梯形图

图 57-1 选择开关梯形图

3. 控制原理

如图 57-1（b）所示，用一个按钮 X0 对数据寄存器 D0 进行 INC P 加 1 控制，再由 DECO 指令将 D0 的低 3 位二进制数进行译码，其值用 M0~M7 表示，组成 8 个轮流闭合的接点 M0~M7，可以代替 8 个输入接点。

此例在解码指令 DECO 中用的是通用型辅助继电器，所以在失电后，再来电将恢复到 0 位（M0=1）。如果要求失电后不恢复到零位，则应改用失电保持型辅助继电器。

注：当选择开关的开关位数不等于 2^n 时，可用 RST 指令对 D0 复位。例如，实例 57 中只用 6 位接点，即 M0～M5，则可用 M6 对 D0 进行复位（程序：LD M6，RST D0）。

实例 58　选择开关控制 3 台电动机顺序启动，逆序停止

用一个按钮 X0 控制 3 台电动机顺序启动，逆序停止。要求每按一次按钮顺序启动一台电动机，全部启动后每按一次按钮逆序停止一台电动机，如果前一台电动机因故障停止，后一台电动机也要停止。下面举例说明用七位选择开关的控制方法，控制 3 台电动机顺序启动，逆序停止。

控制方案设计

1．输入/输出元件及控制功能

如表 58-1 所示，介绍了实例 58 中用到的输入/输出元件及控制功能。

表 58-1　输入/输出元件及控制功能

	PLC 软元件	元件文字符号	元件名称	控制功能
输入	X0	SB	控制按钮	电动机启动停止控制
输出	Y0	KM1	接触器 1	电动机 M1 启动
	Y1	KM2	接触器 2	电动机 M2 启动
	Y2	KM3	接触器 3	电动机 M3 启动

2．电路设计

用一个按钮控制 3 台电动机顺序启动，逆序停止的 PLC 接线图和梯形图如图 58-1 所示。

3．控制原理

如图 58-1（c）所示，用一个按钮 X0 对数据寄存器 D0 进行加 1 控制，再由 DECO 指令将 D0 的低 3 位二进制数进行译码，其值用 M0～M6 表示。组成 7 个轮流闭合的接点 M0～M6，可以代替 7 个选择开关接点。

第一次按按钮 X0，D0 加 1，D0=1，由 DECO 译码 M1=1。Y0 置位启动第一台电动机。

第二次按按钮 X0，D0 加 1，D0=2，由 DECO 译码 M2=1。Y1 置位启动第二台电动机。

第三次按按钮 X0，D0 加 1，D0=3，由 DECO 译码 M3=1。Y2 置位启动第三台电动机。

第四次按按钮 X0，D0 加 1，D0=4，由 DECO 译码 M4=1。Y2 复位停止第三台电动机。

第五次按按钮 X0，D0 加 1，D0=5，由 DECO 译码 M5=1。Y1 复位停止第二台电动机。

第六次按按钮 X0，D0 加 1，D0=6，由 DECO 译码 M6=1。Y0 复位停止第一台电动机，同时 D0 复位，完成一次三台电动机的启动停止过程。

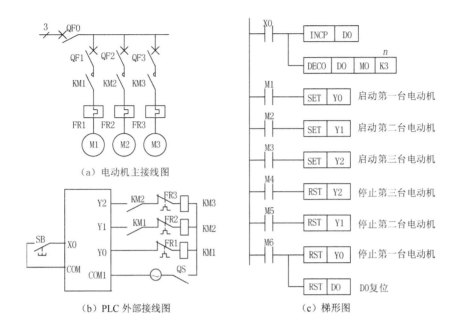

（a）电动机主接线图

（b）PLC 外部接线图

（c）梯形图

图 58-1　用一个按钮控制 3 台电动机顺序启动，逆序停止梯形图

分类九 传送带控制

实例 59 传送带产品检测之一

一条传送带传送产品，从前道工序过来的产品按等间距排列，如图 59-1 所示。传送带入口处，每进来一个产品，光电计数器发出一个脉冲，同时，质量检测传感器对该产品进行检测，如果该产品合格，输出逻辑信号"0"，如果产品不合格输出逻辑信号"1"，将不合格产品位置记忆下来。当不合格产品到达电磁推杆位置（第6个产品间距）时，电磁推杆动作，将不合格产品推出，当产品推出到位时，推杆限位开关动作，使电磁铁断电，推杆返回到原位。

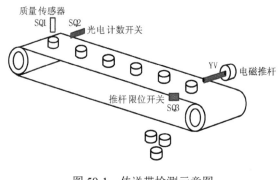

图 59-1 传送带检测示意图

控制方案设计

1. 输入/输出元件及控制功能

如表 59-1 所示，介绍了实例 59 中用到的输入/输出元件及控制功能。

表 59-1 输入/输出元件及控制功能

	PLC 软元件	元件文字符号	元 件 名 称	控 制 功 能
输入	X0	SQ1	质量传感器	次品检测
	X1	SQ2	光电开关	产品计数
	X2	SQ3	限位开关	使推杆复位
输出	Y0	YV	推杆电磁阀	将次品推出

2．电路设计

传送带产品检测 PLC 接线图和梯形图如图 59-2 所示。

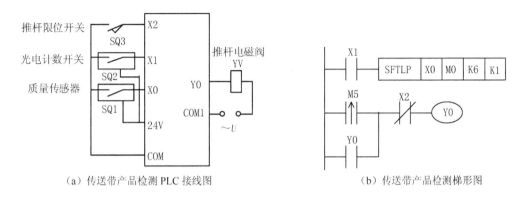

（a）传送带产品检测 PLC 接线图　　　　　（b）传送带产品检测梯形图

图 59-2　传送带产品检测 PLC 接线图和控制梯形图

3．控制原理

当次品通过质量传感器时，X0=1，同时光电计数开关检测到有产品通过，X1=1，进行一次移位，将 X0 的 1 移位到 M0 中，M0=1，传送带每次传送一个产品，光电计数开关接通一次，并进行一次移位，当光电计数开关接通六次并进行六次移位时，使 M5=1，M5 接点接通一个扫描周期，Y0 线圈得电并自锁，推杆电磁阀 YV 得电，将次品推出，触及限位开关 SQ3，X2 常闭接点断开，Y0 线圈失电，推杆电磁阀在弹簧的反力下退回原位。

实例 60　传送带产品检测之二

一条传送带传送产品，工作过程与实例 59 基本一致，不同的是电磁推杆与质量检测传感器相距一个产品间隔，如图 60-1 所示。

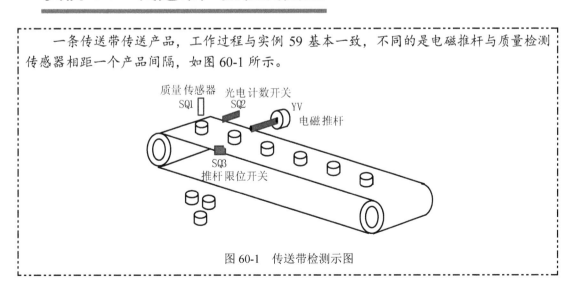

图 60-1　传送带检测示图

控制方案设计

1. 输入/输出元件及控制功能

如表 60-1 所示，介绍了实例 60 中用到的输入/输出元件及控制功能。

表 60-1　输入/输出元件及控制功能

	PLC 软元件	元件文字符号	元 件 名 称	控 制 功 能
输入	X0	SQ1	质量传感器	次品检测
	X1	SQ2	光电开关	产品计数
	X2	SQ3	限位开关	使推杆复位
输出	Y0	YV	推杆电磁阀	将次品推出

2. 电路设计

传送带产品检测 PLC 接线图和梯形图如图 60-2 所示。

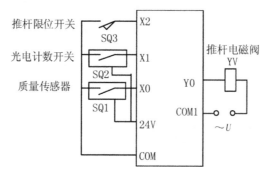

（a）传送带产品检测 PLC 接线图

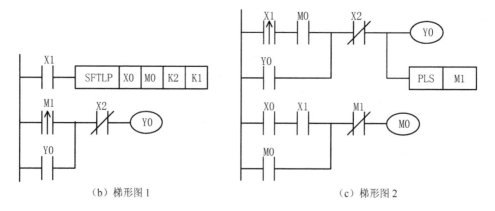

（b）梯形图 1　　　　　　　（c）梯形图 2

图 60-2　传送带产品检测之二梯形图

3．控制原理

图 60-2（b）：控制梯形图与图 59-1（b）基本一致，不同的是，图 60-2（b）是一个 2 位移位寄存器，每个移位信号移动 1 位。

图 60-2（c）：当正品通过时，X0=0，X0 常开接点断开，M0 不能得电。当次品通过时，X0=1，X0 常开接点闭合，同时光电计数开关 X1 检测到有产品通过，X1=1，M0 得电并自锁。当下一个产品通过时，此时，次品正好在下一个位置，X1 上升沿常开接点接通，Y0 线圈得电自锁，推杆电磁阀 YV 得电，将次品推出，触及限位开关 SQ3，X2 常闭接点断开，Y0 线圈失电，推杆电磁阀在弹簧的反力下退回原位。同时 M1 产生一个上升沿脉冲，使 M0 线圈失电。假如第二个产品也是次品，M1 常闭接点断开一个扫描周期，由于 X0、X1 仍闭合，M0 线圈又会重新得电。

如果将电磁推杆与质量检测传感器和产品位置传感器置于同一位置，当产品通过位置传感器 X1 时，X1 接点闭合，此时产品正对着电磁推杆，如果质量合格，质量传感器 X0=0 不动作。如果产品不合格，质量检测传感器动作，X0=1 接点闭合，使电磁推杆 Y0 得电动作，将次品推出。触及限位开关 SQ3，X2 常闭接点断开 Y0 线圈失电，推杆电磁阀在弹簧的反力下退回原位。梯形图如图 60-3 所示。

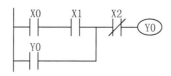

图 60-3　电磁推杆与质量检测传感器和产品位置传感器同一位置传送带产品检测梯形图

实例61　传送带控制

由三条传送带组成的零件传送系统，如图 61-1 所示，从传送带左侧滑槽上，每 30s 向传送带 1 提供一个零件。

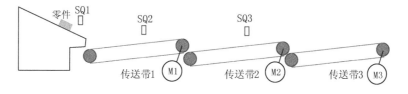

图 61-1　传送带示意图

控制要求：按下启动按钮，系统开始进入准备状态。当有零件经过接近开关 SQ1 时，启动传送带 1。零件经过 SQ2 时，启动传送带 2。当零件经过 SQ3 时，启动传送带 3。如果 SQ1～SQ3 在皮带上 60s 未检测到零件视为故障需要闪烁报警。如果 SQ1 在 100s 内未检测到零件则停止全部传送带。

按下停止按钮，全部传送带停止。

控制方案设计

1. 输入/输出元件及控制功能

如表 61-1 所示，介绍了实例 61 中用到的输入/输出元件及控制功能。

表 61-1　输入/输出元件及控制功能

	PLC 软元件	元件文字符号	元 件 名 称	控 制 功 能
输入	X0	SB1	启动按钮	启动
	X1	SB2	停止按钮	停止
	X2	SQ1	限位开关 1	零件检测
	X3	SQ2	限位开关 2	零件检测
	X4	SQ3	限位开关 3	零件检测
输出	Y0	KM1	接触器 1	传送带 1
	Y1	KM2	接触器 2	传送带 2
	Y2	KM3	接触器 3	传送带 3
	Y3	HL2	报警灯	故障报警

2. 电路设计

传送带 PLC 接线图如图 61-2 所示，梯形图如图 61-3 所示。

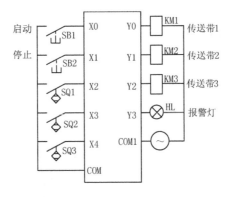

图 61-2　传送带接线图

3. 控制原理

按下启动按钮 X0，主控线圈 M0 得电自锁，MC～MCR 之间的电路被接通。当有零件通过限位开关 X2 时，X2 常开接点闭合，Y0 线圈得电自锁，第一条传送带启动。当零件通过限位开关 X3 时，X3 常开接点闭合，Y1 线圈得电自锁，第二条传送带启动。当零件通过限位开关 X4 时，X4 常开接点闭合，Y2 线圈得电自锁，第三条传送带启动。

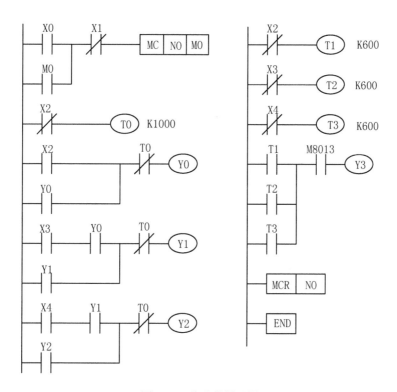

图 61-3　传送带梯形图

当限位开关 X2~X4 在 60s 没有零件通过，X2~X4 的常闭接点闭合使定时器 T1、T2、T3 动作，接通报警灯 Y3 闪动报警。

当限位开关 X2 在 100s 时没有零件通过，X2 的常闭接点闭合使定时器 T0 动作，断开 Y1~Y3，传送带全部停止。

实例 62　单条传送带控制

用传送带运送产品（工人在传送带首端放好产品）。传送带由三相鼠笼型电动机控制。在传送带末端安装一个限位开关 SQ。按下启动按钮，传送带开始运行。当产品到达传送带末端并超过限位开关（产品全部离开传送带）时，皮带停止。如图 62-1 所示，为单条传送带示意图。

图 62-1　单条传送带示意图

控制方案设计

1. 输入/输出元件及控制功能

如表 62-1 所示，介绍了实例 62 中用到的输入/输出元件及控制功能。

表 62-1　输入/输出元件及控制功能

	PLC 软元件	元件文字符号	元 件 名 称	控 制 功 能
输入	X0	SB1	停止按钮	传送带停止
	X1	SB2	启动按钮	传送带启动
	X2	SQ	限位开关	产品检测
输出	Y0	KM	接触器	传送带电动机启动

2. 电路设计

传送带控制接线图和梯形图如图 62-2 所示。

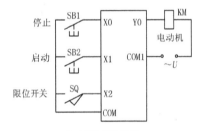

（a）传送带控制接线图

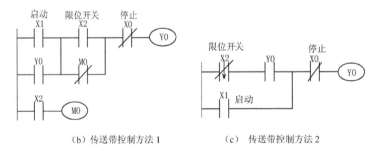

（b）传送带控制方法 1　　　（c）传送带控制方法 2

图 62-2　传送带控制接线图和梯形图

3. 控制原理

（1）传送带控制方法 1

如图 62-2（b）所示，启动时按下启动按钮 X1，Y0 得电自锁，传送带启动。当产品的前端到达传送带末端时，限位开关 SQ（X2）动作（M0 常闭接点在下一个扫描周期断开），Y0 仍得电。当产品的末端离开 SQ 时，X2 常开接点断开，Y0 线圈失电，传送带停止。

（2）传送带控制方法 2

如图 62-2（c）所示，启动时按下启动按钮 X1，Y0 得电自锁，传送带启动，当产品的前端到达传送带末端时，限位开关 SQ（X2）动作，但 X2 常闭下降沿接点不动作，Y0 仍得电。当产品的末端离开 SQ 时，X2 常开接点断开一个扫描周期，Y0 线圈失电，传送带停止。

实例 63　多条传送带接力传送

一组传送带由三条传送带连接而成，用于传送有一定长度的金属板。为了避免传送带在没有物品时空转，在每条传送带末端安装一个接近开关用于金属板的检测。控制传送带只有检测到金属板时才启动，当金属板离开传送带时停止。传送带用三相鼠笼型电动机驱动。传送带工作示意图如图 63-1 所示。

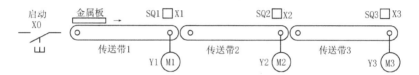

图 63-1　多条传送带工作示意图

当工人在传送带 1 首端放一块金属板，按下启动按钮，则传送带 1 首先启动。当金属板的前端到达传送带 1 末端时，接近开关 SQ1 动作，启动传送带 2。当金属板的末端离开接近开关 SQ1 时，停止传送带 1。当金属板的前端到达 SQ2 时，启动传送带 3。当金属板的末端离开 SQ2 时，停止传送带 2。最后当金属板的末端离开 SQ3 时，停止传送带 3。

控制方案设计

1．输入/输出元件及控制功能

如表 63-1 所示，介绍了实例 63 中用到的输入/输出元件及控制功能。

表 63-1　输入/输出元件及控制功能

	PLC 软元件	元件文字符号	元 件 名 称	控 制 功 能
输入	X0	SB	启动按钮	传送带启动
	X1	SQ1	接近开关 1	传送带 1 末端位置检测
	X2	SQ2	接近开关 2	传送带 2 末端位置检测
	X3	SQ3	接近开关 3	传送带 3 末端位置检测
输出	Y0	KM1	接触器 1	传送带 1 启动
	Y1	KM2	接触器 2	传送带 2 启动
	Y2	KM3	接触器 3	传送带 3 启动

2．电路设计

多条传送带接力传送主电路和 PLC 接线图如图 63-2 所示，其梯形图如图 63-3 所示。

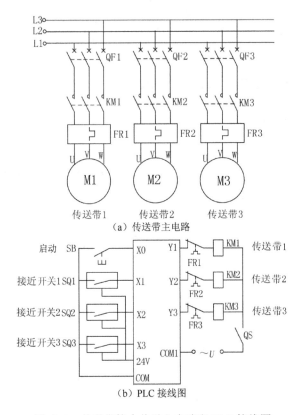

图 63-2　传送带接力传送主电路和 PLC 接线图

3．控制原理

（1）方法 1

如图 63-3（a）所示，启动时按下启动按钮 X0，Y1 得电自锁，传送带 1 启动，当金属板的前端到达传送带 1 末端时，接近开关 SQ1（X1）动作，Y2 得电自锁，传送带 2 启动。在 Y1 回路中，Y2 常闭接点断开，但 X1 接点闭合，Y1 仍得电。

当金属板的末端离开接近开关 SQ1 时，X1 接点断开 Y1 线圈，传送带 1 停止。

当金属板的前端到达 SQ2 时，X2 动作使 Y3 得电自锁，启动传送带 3，当金属板的末端离开 SQ2 时停止皮带 2。

最后当金属板前端到达 SQ3 时，X3 常开接点闭合（M1 常闭接点在下一个扫描周期断开），Y3 仍得电，当金属板的末端离开 SQ3 时，X3 常开接点断开，Y3 线圈失电，传送带 3 停止。

（2）方法 2

如图 63-3（b）所示，控制方法基本和方法 1 相同，只是最后当金属板前端到达 SQ3 时，X3 下降沿常开接点不起作用，Y3 仍得电，当金属板的末端离开 SQ3 时，X3 下降沿常开接点产生一个下降沿脉冲，使 M1 线圈得电，M1 常闭接点在下一个扫描周期断开，Y3 线圈失电，传送带 3 停止。

（3）方法 3

如图 63-3（c）所示，其中 X1、X2、X3 为下降沿接点常闭接点（在 FX2N 型 PLC 指令中并没有下降沿常闭接点指令，可以用 X1、X2、X3 下降沿常开接点和取反指令组合而成）。

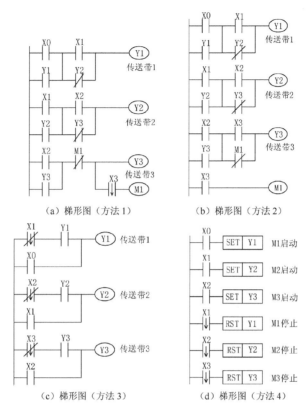

（a）梯形图（方法1）　　（b）梯形图（方法2）

（c）梯形图（方法3）　　（d）梯形图（方法4）

图 63-3　传送带接力传送梯形图

启动时按下启动按钮 X0，Y1 得电自锁，传送带 1 启动，金属板向前运动。

当金属板的前端到达传送带 1 末端时，接近开关 SQ1（X1）动作，Y2 得电自锁，传送带 2 启动。但在 Y1 回路中，X1 下降沿常闭接点不动作，Y1 仍得电。

当金属板的末端离开接近开关 SQ1 时，X1 下降沿常闭接点断开 Y1 线圈，传送带 1 停止。

当金属板的前端到达 SQ2 时，X2 动作使 Y3 得电自锁，启动传送带 3，当金属板的末端离开 SQ2 时停止皮带 2。

最后当金属板前端到达 SQ3 时，X3 下降沿常闭接点不动作，Y3 仍得电。当金属板的末端离开 SQ3 时，X3 下降沿常闭接点断开，Y3 线圈失电，传送带 3 停止。

（4）方法 4

如图 63-3（d）所示，启动时按下启动按钮 X0，Y1 得电置位，传送带 1 启动，金属板向前运动。

当金属板的前端到达传送带 1 末端时，接近开关 SQ1（X1）动作，Y2 得电置位，传送带 2 启动。

当金属板的末端离开接近开关 SQ1 时，X1 下降沿接点使 Y1 线圈复位，传送带 1 停止。

当金属板的前端到达 SQ2 时，X2 动作使 Y3 得电置位，启动传送带 3，当金属板的末端离开 SQ2 时，X2 下降沿接点使 Y2 线圈复位，传送带 2 停止。

最后，当金属板前端到达 SQ3 时，X3 下降沿接点不动作，Y3 仍得电。当金属板的末端离开 SQ3 时，X3 下降沿接点动作，使 Y3 线圈复位，传送带 3 停止。

实例 64　用一个按钮控制 5 条皮带传送机的顺序启动，逆序停止

一组 5 条皮带传送机由 5 个三相异步电动机 M1～M5 控制，如图 64-1 所示。启动时，按下按钮，电动机按从 M1～M5 每隔 5s 启动一台。停止时，再按下按钮，电动机按从 M5 到 M1 每隔 5s 停止一台。

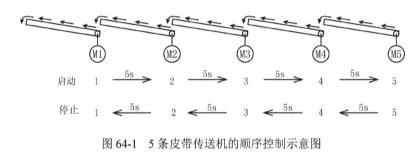

图 64-1　5 条皮带传送机的顺序控制示意图

控制方案设计

1. 输入/输出元件及控制功能

如表 64-1 所示，介绍了实例 64 中用到的输入/输出元件及控制功能。

表 64-1　输入/输出元件及控制功能

	PLC 软元件	元件文字符号	元 件 名 称	控 制 功 能
输入	X0	SB	启动停止按钮	皮带传送机启动停止
输出	Y0	KM1	接触器 1	皮带传送机 1
	Y1	KM2	接触器 2	皮带传送机 2
	Y2	KM3	接触器 3	皮带传送机 3
	Y3	KM4	接触器 4	皮带传送机 4
	Y4	KM5	接触器 5	皮带传送机 5

2. 电路设计

PLC 外部接线图如图 64-2（a）所示，接触器 KM1～KM5（Y0～Y4）分别控制电动机 M1～M5，为节省输入点，采用一个按钮（X0）启动停止控制电动机。电动机控制梯形图如图 64-2（b）所示。

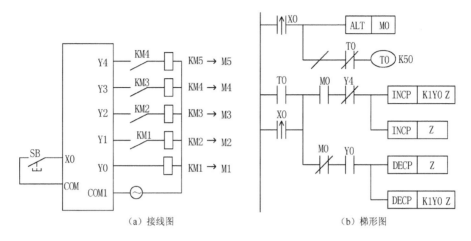

（a）接线图　　　　　　　　　　　（b）梯形图

图 64-2　5 条皮带传送机的顺序控制

3．控制原理

启动时按按钮（X0），执行 ALT 指令，M0=1。定时器 T0 断开一个扫描周期，重新开始计时，每隔 5s 发一个脉冲。

M0 常开接点闭合，执行 INCP 加 1 指令，初始，变址寄存器 Z=0，K1Y0 Z 加 1，K1Y0 Z=K1Y0，使 Y3、Y2、Y1、Y0 为 0001，即 Y0=1，第一台电动机启动，随之 Z 加 1，Z=1。

隔 5s，T0 发出一个脉冲，K1Y0 Z=K1Y1，加 1，使 Y4、Y3、Y2、Y1 为 0001，即 Y1=1，第二台电动机启动，Z 加 1，Z=2……T0 每隔 5s 发出一个脉冲，启动一台电动机，全部电动机启动，Y4、Y3、Y2、Y1、Y0 为 11111，之后 Z=5。Y4 常闭接点断开，不再执行 INCP 加 1 指令。

停止时，再按按钮（X0），再执行 ALT 指令，M0=0，定时器 T0 再断开一个扫描周期，重新开始计时，每隔 5s 发一个脉冲。M0 常闭接点闭合，执行 DEC P 指令，Z 减 1，Z=4，K1Y0Z 减 1，Y7、Y6、Y5、Y4 为 0000，即 Y4=0，第四台电动机先停止。5s 后，T0 发出一个脉冲，Z=3，K1Y0 Z 减 1，Y6、Y5、Y4、Y3 均为 0000，即 Y3=0，第三台电动机停止，T0 每隔 5s 发出一个脉冲，Z 减 1，停止一台电动机，全部电动机停止后，Z=0。Y4、Y3、Y2、Y1、Y0 为 00000，Y0 常开接点断开，不再执行 EC 减 1 指令。

5 条皮带传送机的顺序控制时序图如图 64-3 所示。

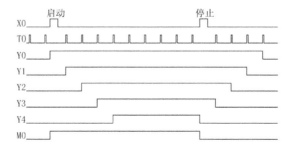

图 64-3　5 条皮带传送机的顺序控制时序图

分类十 模拟体育比赛及计分控制

实例 65 乒乓球比赛

乒乓球比赛示意图如图 65-1 所示。用八位输出 Y0～Y7 模拟乒乓球的运动。甲方与乙方两人按比赛规则每人发两个球。

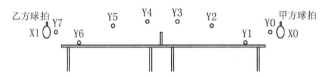

图 65-1 乒乓球比赛示意图

甲方先发球，按下按钮 X0，Y0=1 表示甲方有发球权，再按一次按钮 X0，表示发球，Y0→Y7 依次逐个得电，模拟乒乓球从甲方向乙方运动。运动速度可由定时脉冲控制，根据参赛人的情况确定。当移动到 Y7=1 时，表示球到对方。乙方按按钮 X1（表示接球）。如果乙方在 Y7=1 时未按按钮 X1，则表示接球失败，对方得一分。如果乙方在 Y7=1 时按下按钮 X1，则表示乙方接球成功，则 Y7→Y0 依次逐个得电，模拟乒乓球从乙方向甲方运动。当 Y0=1 时，甲方按钮 X0（接球），否则失败乙方得分。

控制方案设计

1. 输入/输出元件及控制功能

如表 65-1 所示，介绍了实例 65 中用到的输入/输出元件及控制功能。

表 65-1 输入/输出元件及控制功能

	PLC 软元件	元件文字符号	元 件 名 称	控 制 功 能
输入	X0	SB1	按钮	模拟甲方球拍
	X1	SB2	按钮	模拟乙方球拍
输出	Y0～Y7	HL1～HL8	灯 1～灯 8	模拟乒乓球的运动

2. 电路设计

乒乓球比赛 PLC 接线图如图 65-2 所示，梯形图如图 65-3 所示。

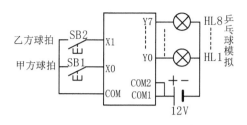

图 65-2 乒乓球比赛接线图

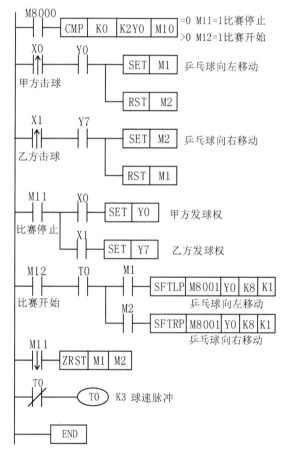

图 65-3 乒乓球比赛梯形图

3．控制原理

初始时，比较指令 CMP 检测 Y0～Y7 是否为零，如果 Y0～Y7 均为零，则 M11=1，表示比赛还没有开始。M11 常开接点闭合。

甲方先发球，按下按钮 X0，Y0 置位，Y0=1，表示甲方具有发球权。这时，利用比较指令 CMP 检测 Y0～Y7，结果大于零（因为 Y0=1），则 M11=0，M12=1，Y0 常开接点闭合。再按一下按钮 X0，X0 上升沿接点使 M1 置位，M1 常开接点闭合，接通 SFTLP 左移指令，定时器 T0 每隔 0.3s 发出一个脉冲，SFTLP 左移指令每隔 0.3s 左移一次。由于 M8001=0，Y0=1，第一次移位结果是：M8001 的 0 左移到 Y0，Y0=0，Y0 的 1 左移到 Y1，Y1=1；第二次移位结果是：M8001 的 0 左移到 Y0，Y0=0，Y0 的 0 左移到 Y1，Y1=0。Y1 的 1 左移到 Y2，Y2=1。经过 7 次移位，结果是 Y7～Y0=10000000（即 Y7=1，Y6～Y0 均为 0）。

在 Y7=1 时，乙方及时按下按钮 X1，表示接球，使 M2 置位，M1 复位。结果 SFTLP 左移指令断开，SFTRP 右移指令接通。第一次移位结果是：M8001 的 0 右移到 Y7，Y7=0，Y7 的 1 右移到 Y6，Y6=1。第二次右移结果是：M8001 的 0 右移到 Y7，Y7=0，Y7 的 0 左移到 Y6，Y6=0，Y6 的 1 右移到 Y5，Y5=1。经过 7 次移位，结果是 Y7～Y0=00000001（即 Y0=1，Y7～Y1 均为 0）。

如果乙方在 Y7=1 时，乙方未及时按下按钮 X1，SFTLP 左移指令再移位一次使 Y7=0，结果是 Y7～Y0=00000000，比较指令 CMP 检测 Y0～Y7 均为零，则 M11=1，M12=0。M12 接点断开，结束移位。对方得 1 分。

实例 66　具有球速可调、可显示得分的乒乓球比赛

在实例 65 中的乒乓球比赛的基础上增加要求：

（1）球速可在 0.1～0.4s 之间可调，球初速为 0.3s，即 Y0～Y7 每隔 0.3s 移动一位，可通过调速按钮 X2，X3 调节球速。

（2）用数码管显示双方得分，每得一分数码管计分值加 1，11 分为 1 局，大于对方 2 分且达到 11 分以上者获胜。最大的计分值为 19 分，一局结束时，按复位按钮 X4 清除比分。乒乓球比赛示意图如图 66-1 所示。

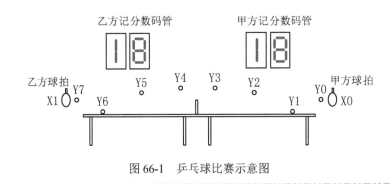

图 66-1　乒乓球比赛示意图

控制方案设计

1. 输入/输出元件及控制功能

如表 66-1 所示，介绍了实例 66 中用到的输入/输出元件及控制功能。

表 66-1　输入/输出元件及控制功能

	PLC 软元件	元件文字符号	元 件 名 称	控 制 功 能
输入	X0	SB1	按钮	模拟甲方球拍
	X1	SB2	按钮	模拟乙方球拍
	X2	SB3	按钮	调节球速减速
	X3	SB4	按钮	调节球速加速
	X4	SB5	按钮	计分复位
输出	Y0～Y7	HL1～HL8	灯 1～灯 8	模拟乒乓球的运动
	Y10～Y16		7 段数码管	显示甲方得分个位数
	Y17		7 段数码管	显示甲方得分十位数 1
	Y20～Y26		7 段数码管	显示乙方得分个位数
	Y27		7 段数码管	显示乙方得分十位数 1

2．电路设计

可显示得分的乒乓球比赛 PLC 接线图如图 66-2 所示。

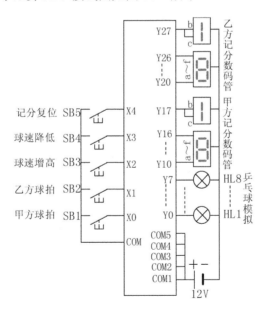

图 66-2　乒乓球比赛 PLC 接线图

乒乓球调速梯形图如图 66-3 所示。

3．控制原理

定时器 T0 的设定值为间接设定，设定值取决于数据寄存器 D0 中的数据，改变 D0 中的数据即改变 T0 的设定值，D0 中的数据来自 K1M20，改变 K1M20 也就改变了 T0 的设定值。PLC 运行时，初始化脉冲 M8002 将 K3 传送到 K1M20 中，再将 K1M20 的数据传送到 D0 中，D0=3，T0 的设定值为 K3，T0 每 0.3s 发一个脉冲。

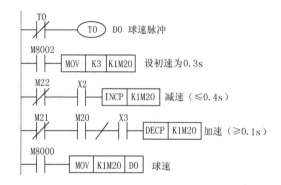

图 66-3　乒乓球调速梯形图

按调速按钮 X2，对 K1M20 加 1，根据要求 K1M20 不得大于 4，当 K1M20=4 时，M22=1，M22 的常闭接点断开，按钮 X2 就不起作用了。

按调速按钮 X3，对 K1M20 减 1，根据要求 K1M20 不得小于 1，当 K1M20=1 时，M21=0，M20=1，对其结果取反，断开减 1 指令，按钮 X3 就不起作用了。

甲乙方得分显示梯形图如图 66-4 所示。

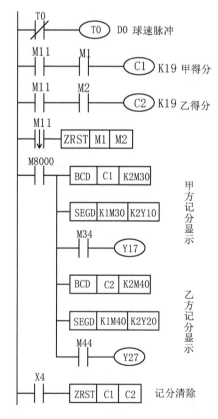

图 66-4　甲乙方得分显示梯形图

甲方接球成功时，M1=1，球左移，球到对方时，如果乙方未接到球，则 M11=1，这时计数器 C1 计 1 次数，再次发球时，Y0=1 或 Y7=1 时，M11=0，M11 的下降沿接点将 M1、M2 复位。

BCD C1 K2M30 指令将甲方得分 C1 转换成两位 BCD 码存放到 K2M30。SEGD K1M30 K2Y10 指令将甲方得分的个位数通过 K2Y10 由一位数码管显示。K1M34 为甲方得分的十位数，由于十位数最大数就是 1，K1M34=1，即 M34=1，当 M34=1 时，Y17=1，Y17 驱动数码管显示十位数的 1。

乙方得分的显示与甲方得分类似。

当计数器 C1、C2 达到 19 时，不再计数，即计分最大不会超过 19。

具有球速可调，可显示得分的乒乓球比赛梯形图如图 66-5 所示。

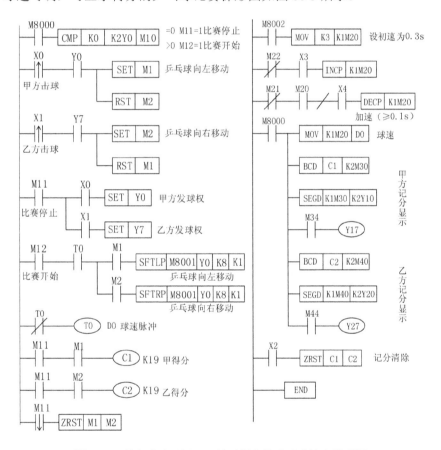

图 66-5　具有球速可调，可显示得分的乒乓球比赛梯形图

实例 67　拔河比赛

用 9 个灯排成一条直线，开始时，按下开始按钮，中间一个灯亮表示拔河绳子的中点，游戏的双方各持一个按钮，游戏开始，双方都快速不断地按动按钮，每按一次按

钮，亮点向本方移动一位。当亮点移动到本方的端点时，这一方获胜，并保持灯一直亮，并得一分，双方的按钮不再起作用。用两个数码管显示双方得分。

当按下开始按钮时，亮点回到中间，即可重新开始。

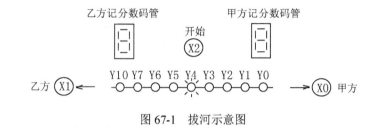

图 67-1　拔河示意图

控制方案设计

1. 输入/输出元件及控制功能

如表 67-1 所示，介绍了实例 67 中用到的输入/输出元件及控制功能。

表 67-1　输入/输出元件及控制功能

	PLC 软元件	元件文字符号	元 件 名 称	控 制 功 能
输入	X0	SB1	按钮	模拟甲方拔河
	X1	SB2	按钮	模拟乙方拔河
	X2	SB3	按钮	拔河开始
输出	Y0～Y10	HL1～HL9	灯 1～灯 9	模拟绳子的运动
	Y11～Y17		7 段数码管	显示甲方得分
	Y20～Y26		7 段数码管	显示乙方得分

2. 电路设计

拔河比赛 PLC 接线图和梯形图如图 67-2 所示。

3. 控制原理

首先裁判员按下开始按钮 X2，Y0～Y10 全部复位后，再将 Y4 置位，中间一个灯亮表示拔河绳子的中点。游戏开始，甲方按按钮 X0，每按一次，亮点向甲方右移一位；乙方按按钮 X1，每按一次，亮点向乙方左移一位。双方都快速不断地按动按钮，每按一次按钮，亮点向本方移动一位。假如甲方移动快，当亮点移动到甲方的端点，Y0=1，Y0 常闭接点断开，不执行移位指令，双方的按钮不再起作用。Y0 常开接点闭合，执行加 1 指令，并得 1 分，并保持 Y0 灯一直亮，经 SEGD 译码，数码管显示得分。

同理，假如乙方移动快，当亮点移动到乙方的端点，Y10=1，Y10 常闭接点断开，不执行移位指令，双方的按钮不再起作用。Y10 常开接点闭合，执行加 1 指令，并得 1 分，并保持 Y10 灯一直亮，经 SEGD 译码，数码管显示得分。

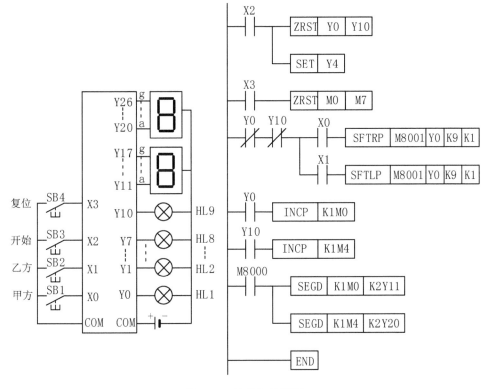

图 67-2　接线与梯形图

再按下开始按钮 X2 时，亮点回到中间，即可重新开始。

比赛结束时，再按下复位按钮 X3 时，比分复位。

实例 68　篮球赛记分牌

用 PLC 控制一个篮球赛记分牌，如图 68-1 所示，甲乙双方最大计分各为 199 分，各设一个 1 分按钮，2 分按钮，3 分按钮和一个减 1 分按钮。

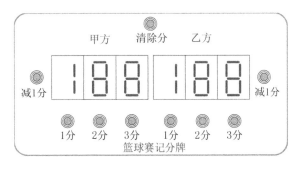

图 68-1　篮球赛记分牌示意

控制方案设计

1. 输入/输出元件及控制功能

如表 68-1 所示，介绍了实例 68 中用到的输入/输出元件及控制功能。

表 68-1　输入/输出元件及控制功能

PLC 软元件	元件文字符号	元件名称	控制功能
X0	SB1	按钮	清除计分
X1	SB2	按钮	甲方加 1 分
X2	SB3	按钮	甲方加 2 分
X3	SB4	按钮	甲方加 3 分
X4	SB5	按钮	甲方减 1 分
X5	SB6	按钮	乙方加 1 分
X6	SB7	按钮	乙方加 2 分
X7	SB8	按钮	乙方加 3 分
X10	SB9	按钮	乙方减 1 分
Y0～Y3		数码管	甲方计分个位数
Y4～Y7		数码管	甲方计分十位数
Y10		数码管	甲方计分百位数
Y11～Y14		数码管	乙方计分个位数
Y15～Y20		数码管	乙方计分十位数
Y21		数码管	乙方计分百位数

注：左侧第一列中 X0～X10 行合并为"输入"，Y0～Y21 行合并为"输出"。

2. 电路设计

篮球赛记分牌 PLC 接线图如图 68-2 所示，其梯形图如图 68-3 所示。

3. 控制原理

数据寄存器 D0 用于存放甲方得分，按钮 X1、X2、X3、X4 分别用于甲方加 1 分，加 2 分，加 3 分和减 1 分。D1 用于存放乙方得分，按钮 X5、X6、X7、X10 分别用于乙方加 1 分，加 2 分，加 3 分和减 1 分。按钮 X0 用于清除计分。

执行 BCD D0 K2Y0 命令，显示甲方得分的十位数和个位数，Y10 显示百位数。

执行 BCD D1 K2Y10 命令，显示乙方得分的十位数和个位数，Y21 显示百位数。

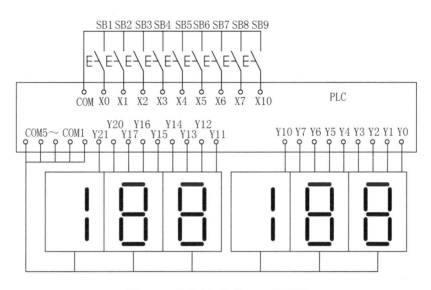

图 68-2　篮球赛记分牌 PLC 接线图

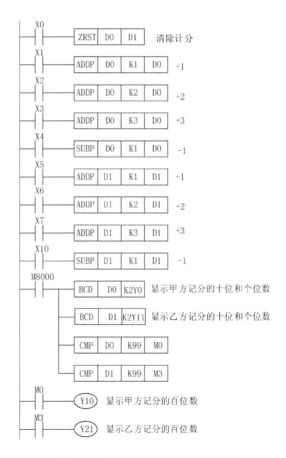

图 68-3　篮球赛记分牌控制梯形图

分类十一 时间设定控制

实例 69 用十字键设定一个定时器的设定值

用 10 个数字键设定一个定时器的设定值，范围为 1～9999。

控制方案设计

1. 输入/输出元件及控制功能

如表 69-1 所示，介绍了实例 69 中用到的输入/输出元件及控制功能。

表 69-1 输入/输出元件及控制功能

	PLC 软元件	元件文字符号	元 件 名 称	控 制 功 能
输入	X0			二进制数输入
	X1			二进制数输入
	X2			二进制数输入
	X3			二进制数输入

2. 电路设计

一般情况下，如果直接用十字键输入功能指令 TKY，需要占用 10 个输入点，为了减少输入点，可采用编码输入法，如图 69-1 所示，这样就只需要 4 个输入点即可。但是这种方法不能输入数字"0"，为了解决这个问题，按钮 SB1 输入数字"0"，可依次类推，按钮 SB10 输入数字"9"。十字键梯形图如图 69-2 所示。

3. 控制原理

执行译码指令 DECO，将 X3、X2、X1、X0 所组成的二进制数进行译码，结果如表 69-2 所示，由于不能输入数字"0"，在 TKY 十字键指令中错开一位，将按键 SB1 的译码结果 M1 作为输入数字"0"。

操作时，按下对应的数字键，可将 4 位十进制数字存放到数据寄存器 D0 中，D0 中的数据即为定时器 T0 的设定值。

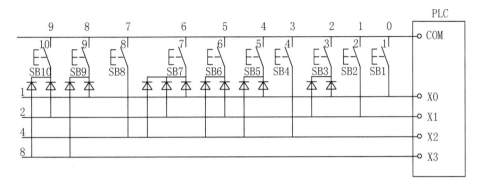

图 69-1　10 个数字键的 PLC 接线图

图 69-2　十字键梯形图

表 69-2　十字键输入数字表

输入键	输入的二进制数	X3	X2	X1	X0	译码结果	输入数字
		0	0	0	0	M0=1	
SB1	1	0	0	0	1	M1=1	0
SB2	2	0	0	1	0	M2=1	1
SB3	3	0	0	1	1	M3=1	2
SB4	4	0	1	0	0	M4=1	3
SB5	5	0	1	0	1	M5=1	4
SB6	6	0	1	1	0	M6=1	5
SB7	7	0	1	1	1	M7=1	6
SB8	8	1	0	0	0	M8=1	7
SB9	9	1	0	0	1	M9=1	8
SB10	10	1	0	1	0	M10=1	9

实例 70　用十字键设定多个定时器的设定值

用 10 个数字键设定多个定时器的设定值，范围为 1～9999。

控制方案设计

1. 输入/输出元件及控制功能

如表 70-1 所示，介绍了实例 70 中用到的输入/输出元件及控制功能。

表 70-1　输入/输出元件及控制功能

	PLC 软元件	元件文字符号	元 件 名 称	控 制 功 能
输入	X0			二进制数输入
	X1			二进制数输入
	X2			二进制数输入
	X3			二进制数输入
	X4	SA1	开关 1	变址寄存器数据设定
	X5	SA2	开关 2	变址寄存器数据设定

2. 电路设计

如图 70-1 所示为 10 个数字键的 PLC 接线图，其梯形图如图 70-2 所示。

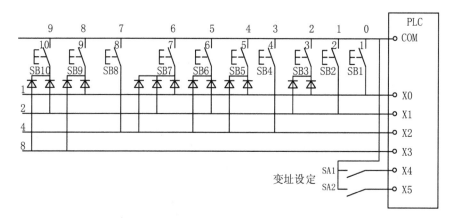

图 70-1　10 个数字键的 PLC 接线图

3. 控制原理

图 70-2（a）：用于设定 4 个定时器的间接设定值，闭合或断开 SA1（X4）、SA2（X5），使 M30 和 M31 得电或失电，执行 MOV 指令，将 M30 和 M31 组成的二进制数传送到变址寄存器 Z 中，将 X3、X2、X1、X0 所组成的二进制数进行译码，结果如表 70-2 所示。

操作时，按下对应的数字键，可将 4 位十进制数字存放到数据寄存器 D0Z 中，例如 Z=2，即将 4 位十进制数字存放到数据寄存器 D2 中，D2 中的数据即为定时器 T2 的设定值，如表 70-2 所示。

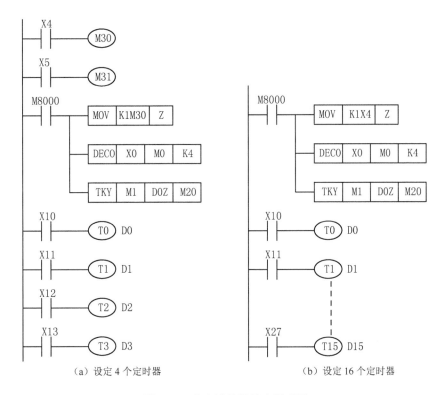

（a）设定 4 个定时器　　　　　　　（b）设定 16 个定时器

图 70-2　十字键数据设定梯形图

表 70-2　数据寄存器变址方式表

输入继电器		字元件 K1M30				变址寄存器	数据寄存器
X4	X5	M33	M32	M31	M30	Z	
0	0	0	0	0	0	0	D0
0	1	0	0	0	1	1	D1
1	0	0	0	1	0	2	D2
1	1	0	0	1	1	3	D3

图 70-2（b）：用于设定 16 个定时器的间接设定值，闭合或断开 X4～X7，执行 MOV 指令，将 X4～X7 组成的二进制数传送到变址寄存器 Z 中，执行 KTY 指令即可对 D0～D16 设定数据。

实例 71　电动机运行时间调整

　　控制一台电动机，按下启动按钮，电动机运行一段时间自行停止；按下停止按钮，电动机立即停止。运行时间用两个按钮来调整，时间调整间距为 10s，初始设定时间为 1000s，最小设定时间为 100s，最大设定时间为 3000s。

控制方案设计

1. 输入/输出元件及控制功能

如表 71-1 所示，介绍了实例 71 中用到的输入/输出元件及控制功能。

表 71-1　输入/输出元件及控制功能

	PLC 软元件	元件文字符号	元 件 名 称	控 制 功 能
输入	X0	SB1	按钮	启动
	X1	SB2	按钮	停止
	X2	SB3	按钮	增加设定时间
	X3	SB4	按钮	减少设定时间
输出	Y0	KM	接触器	控制电动机

2. 电路设计

电动机运行时间调整 PLC 接线图和梯形图如图 71-1 所示。

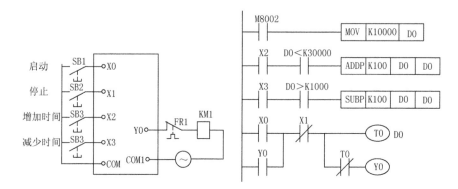

图 71-1　电动机运行时间调整 PLC 接线图和梯形图

电动机运行时间调整指令如图 71-2 所示。

```
0   LD   M8002              32  LD   X000

1   MOV  K1000  D0          33  OR   Y000

6   LD   X002               34  ANI  X001

7   AND< D0  K30000         35  OUT  T0  D0

12  ADD  K100  D0  D0       38  ANI  T0

19  LD   X003               39  OUT  Y000

20  AND> D0  K100           40  END

25  ADD  K100  D0  D0
```

图 71-2　电动机运行时间调整指令

3. 控制原理

PLC 初次运行时,将常数 K10000 传送到 D0 中,D0 作为定时器的间接设定值为 1000s。每按一次按钮 X2,D0 中的数据增加 100,当 D0≥K30000 时,比较接点断开,按钮 X2 不起作用。每按一次按钮 X3,D0 中的数据减少 100,当 D0≤K1000 时,比较接点断开,按钮 X3 不起作用。D0 的数据只能在 K1000~K30000 之间调整。

按下启动按钮 X0,Y0 线圈得电自锁,电动机启动,定时器延时时间达到 D0 中的数据时,Y0 线圈失电,电动机停止。如果电动机运行时按下停止按钮 X1,电动机立即停止。

实例72 定时闹钟

用 PLC 控制一个电铃,要求除了星期六、星期日以外,每天早上 7:10 分电铃响 10s,按下复位按钮,电铃停止。如果不按下复位按钮,每隔 1min 再响 10s 进行提醒,共响 3 次结束。

控制方案设计

1. 输入/输出元件及控制功能

如表 72-1 所示,介绍了实例 72 中用到的输入/输出元件及控制功能。

表 72-1 输入/输出元件及控制功能

	PLC 软元件	元件文字符号	元件名称	控制功能
输入	X0	SB	复位按钮	闹钟停止
输出	Y0	HA	电铃	闹钟响铃

2. 电路设计

定时闹钟 PLC 接线图如图 72-1 所示,梯形图如图 72-2 所示。定时闹钟指令如图 72-3 所示。

3. 控制原理

执行功能指令 TRD D0,将 PLC 中 D8013~D8019(实时时钟)的时间传送到 D0~D6 中,如表 72-2 所示。

图 72-1 PLC 接线图

表 72-2 时钟读出

D8018	D8017	D8016	D8015	D8014	D8013	D8019
D0	D1	D2	D3	D4	D5	D6
年	月	日	时	分	秒	星期

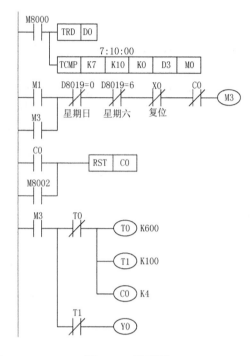

图 72-2　梯形图

0	LD	M8000				32	RST	C0	
1	TRD	D0				34	LD	M3	
4	TCMP	K7	K10	K0	D3 M0	35	MPS		
15	LD	M1				36	ANI	T0	
16	OR	M3				37	OUT	T0	K600
17	AND<>	D8019	K0			40	OUT	T1	K100
22	AND<>	D8019	K6			43	OUT	C0	K4
27	ANI	X000				46	MPP		
28	ANI	C0				47	ANI	T1	
29	OUT	M3				48	OUT	Y000	
30	LD	C0				49	END		
31	OR	M8002							

图 72-3　定时闹钟指令

执行 TCMP 指令进行时钟比较，如果当前时间 D3、D4、D5 中的时、分、秒等于 7 时 10 分 0 秒，则 M1=1，M1 常开接点闭合，M3 线圈得电自锁，但是当 D8019=0（星期日），或 D8019=6（星期六）时，M3 线圈不得电。

M3 常开接点闭合，定时器 T0、T1 得电计时，计数器 C0 计一次数，Y0 得电电铃响，响 10s 后 T1 常闭接点断开，Y0 失电，60s 后 T0 常闭接点断开，T0、T1、C0 失电，Y0 得电电铃响。第二个扫描周期 T0 常闭接点闭合，T0、T1 得电重新计时，C0 再计一次数，当 C0 计数值为 4 时，M3 失电，C0 复位，T0、T1、C0、Y0 均失电。

按下复位按钮，电铃停止。

实例 73　整点报时

对 PLC 中的时钟进行整点报时，要求几点钟响几次，每秒钟一次。为了不影响晚间休息，只在早晨 6 时到晚上 21 时之间报时。

控制方案设计

1. 输入/输出元件及控制功能

如表 73-1 所示，介绍了实例 73 中用到的输入/输出元件及控制功能。

表 73-1　输入/输出元件及控制功能

	PLC 软元件	元件文字符号	元件名称	控制功能
输入	X0	SA	开关	启动报时
输出	Y0	HA	报时器	整点报时

2. 电路设计

整点报时的接线图如图 73-1 所示，梯形图如图 73-2 所示。

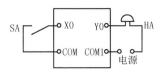

图 73-1　整点报时接线图

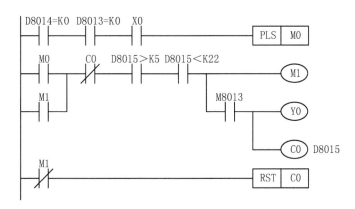

图 73-2　整点报时梯形图

整点报时指令如图 73-3 所示。

```
0   LD=   D8014  K0        25  OUT   M0
5   AND=  D8013  K0        26  AND   M8013
10  PLS   M0                27  OUT   Y000
12  LD    M0                28  OUT   C0   D8015
13  OR    M0                31  LDI   M1
14  ANI   C0                32  RST   C0
15  AND>  D8015  K5         34  END
20  AND<  D8015  K22
```

图 73-3　整点报时指令

3．控制原理

闭合开关 X0，整点报时梯形图开始工作，当分钟时钟寄存器 D8014=0（0min），秒钟时钟寄存器 D8013=0（0s）时，为整点时间，M0 发出一个脉冲。

当小时时钟寄存器 D8015＞5（点钟），同时 D8015＜22（点钟）时，两个比较接点闭合，当 M0 发脉冲时，M1 线圈得电自锁，Y0 每秒钟接通一次，报时器每秒钟响一次。计数器 C0 对 M8013 的秒脉冲计数。计数值等于 D8015 的钟点数，所以报时器响的次数和钟点数正好相同。

实例 74　显示日期时间

用数字开关控制 PLC，查看 PLC 中内置的日期时间，用数字开关的 0～6 分别表示秒、分、时、日、月、年、周。用两位数码管显示当前的年、月、日、时、分、秒和星期。

控制方案设计

1．输入/输出元件及控制功能

如表 74-1 所示，介绍了实例 74 中用到的输入/输出元件及控制功能。

表 74-1　输入/输出元件及控制功能

	PLC 软元件	元件文字符号	元件名称	控制功能
输入	X0～X2		数字开关	选择年月日时分秒和星期
	X4	SB	按钮	校对时间
输出	Y0～Y6		数码管（个位）	时间显示
	Y10～Y16		数码管（十位）	时间显示

2．电路设计

如果对 PLC 中的日期时间未设置或不正确，首先对 PLC 内置的时间按"日期输入控制梯形图"输入程序设置正确的时间，梯形图中的 K□□分别对应年、月、日、时、分、秒、周。设定的时间应提前几分钟，当达到准确时刻时，及时接通 X4。

公历年份设定值 00～99 相当于 1980～2079。例如，80=1980，99=1999，01=2001，79=2079。

在 FX2N 型 PLC 中专用数据寄存器 D8013～D8019 用于放置时钟数据。时钟数据写入指令 TWR D0 是将 D0～D6 中的数据写到 D8019～D8013 中，当时间"秒"不准时，可用 M8017 修正。

用数字开关查看 PLC 中内置的日期时间接线图如图 74-1 所示，日期输入控制梯形图如图 74-2 所示，用数字开关查看 PLC 中内置的日期时间梯形图如图 74-3 所示。

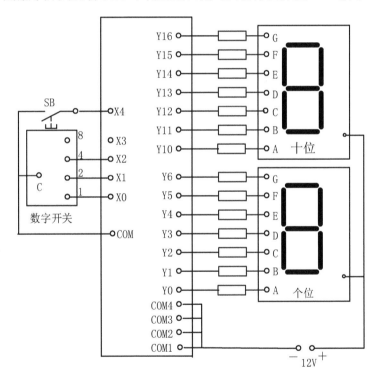

图 74-1　用数字开关查看 PLC 中内置的日期时间接线图

3．控制原理

MOV K1X0 Z：把数字开关 X0、X1、X2 所表达的数字 0～6 传送到变址寄存器 Z 中。

BCD D8013Z K2M0：把 D8013～D8019 的数据秒、分、时、日、月、年、周转换成 BCD 码存放到 K2M0 中。

SEGD K1M0 K2Y0：将 K2M0 中的个位数 K1M0 经七段译码送到数码管显示个位数。

SEGD K1M4 K2Y10：将 K2M0 中的十位数 K1M4 经七段译码送到数码管显示十位数。

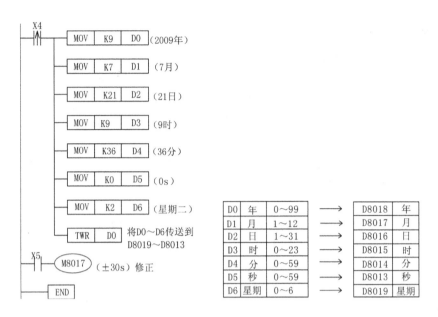

图 74-2　日期输入控制梯形图

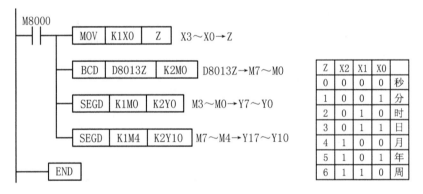

图 74-3　用数字开关查看 PLC 中内置的日期时间梯形图

实例 75　通断电均延时定时器

当 X0 闭合时，Y0 延时 2s 得电，当 X0 断开时，Y0 延时 2s 失电，要求只用一个定时器。

控制方案设计

1. 输入/输出元件及控制功能

如表 75-1 所示，介绍了实例 75 中用到的输入/输出元件及控制功能。

	PLC 软元件	元件文字符号	元 件 名 称	控 制 功 能
输入	X0	SB	按钮	控制
输出	Y0	KM	接触器	电路控制

2. 电路设计

通断电均延时定时器 PLC 控制接线图如图 75-1 所示，梯形图如图 75-2 所示。

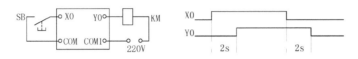

图 75-1　PLC 控制接线图和时序图

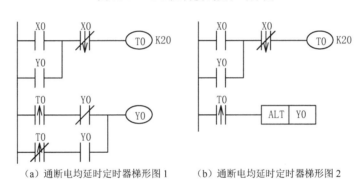

（a）通断电均延时定时器梯形图 1　　　　（b）通断电均延时定时器梯形图 2

图 75-2　梯形图

3. 控制原理

如图 75-2（a）所示，当 X0 闭合时，定时器 T0 延时 2s，T0 上升沿接点闭合 Y0 得电，在第二个扫描周期，T0 上升沿常闭接点和 Y0 常开接点闭合，Y0 线圈自锁，当 X0 断开时，X0 下降沿常闭接点断开一个扫描周期又闭合，T0 再延时 2s，T0 上升沿常闭接点断开一个扫描周期，Y0 线圈失电。

如图 75-2（b）所示，当 X0 闭合时，定时器 T0 延时 2s，T0 上升沿接点闭合一个扫描周期，Y0=1，Y0 线圈得电。当 X0 断开时，X0 上升沿常闭接点断开一个扫描周期又闭合，T0 再延时 2s，T0 上升沿接点再接通一个扫描周期，Y0=0，Y0 线圈失电。

实例76　十字路口交通灯

用 PLC 实现 PLC 交通灯控制，控制要求如下：

（1）在十字路口，要求东西方向和南北方向各通行 35s，并周而复始。

（2）在南北方向通行时，东西方向的红灯亮 35s，而南北方向的绿灯先亮 30s 后再闪

3s（0.5s 暗，0.5s 亮）后黄灯亮 2s。

（3）在东西方向通行时，南北方向的红灯亮 35s，而东西方向的绿灯先亮 30s 后再闪 3s（0.5s 暗，0.5s 亮）后黄灯亮 2s。

（4）在东西方向和南北方向各设一组通行时间显示器，按倒计时的方式显示通行和停止时间（此处控制时间为 35s），采用红绿双色七段数码管。通行时显示绿色数字，停止通行时显示红色数字。

十字路口的交通灯布置示意图如图 76-1 所示。

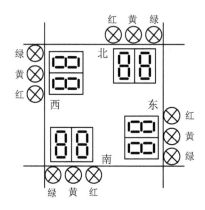

图 76-1　十字路口交通灯布置示意图

控制方案设计

1．输入/输出元件及控制功能

如表 76-1 所示，介绍了实例 76 中用到的输入/输出元件及控制功能。

表 76-1　输入/输出元件及控制功能

	PLC 软元件	元件文字符号	元件名称	控制功能
输出	Y0			数码管显示绿色
	Y1			数码管显示红色
	Y4	HL1	交通信号灯	显示东西方向绿灯
	Y5	HL2	交通信号灯	显示东西方向黄灯
	Y6	HL3	交通信号灯	显示南北方向绿灯
	Y7	HL4	交通信号灯	显示南北方向黄灯
	Y17	HL5	交通信号灯	显示南北方向红灯
	Y27	HL6	交通信号灯	显示东西方向红灯
	Y10～Y16		七段数码管	显示十位数
	Y20～Y26		七段数码管	显示个位数

2. 电路设计

十字路口交通灯的接线图如图 76-2 所示，梯形图如图 76-3 所示。

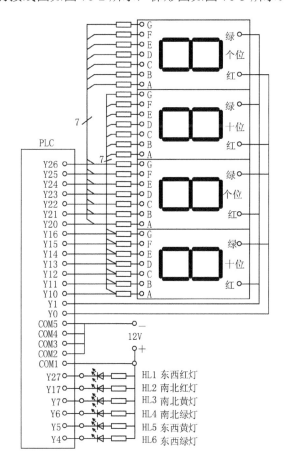

图 76-2　十字路口交通灯接线图

3. 控制原理

PLC 初次运行时，T0 常闭接点闭合，M40 由 0 变为 1，T0、T1、T2 同时得电。

Y0 得电接通东西向双色数码管的绿色公共端，数码管显示绿色；接通南北向双色数码管的红色公共端，数码管显示红色。

Y17 得电，南北红灯亮；Y4 得电，东西绿灯亮。

T1 延时 30s，T1 常闭接点断开，Y4 经 M8013 得电，东西绿灯闪亮。

T2 延时 33s，T2 常闭接点断开，Y4 失电，T2 常开接点闭合，Y5 得电，东西黄灯亮。

T0 延时 35s，T0 常闭接点断开，T0、T1、T2 失电一个扫描周期又重新得电，M40 由 1 变 0，M40 常闭接点闭合。

Y1 得电接通东西向双色数码管的红色公共端，数码管显示红色；接通南北向双色数码管的绿色公共端，数码管显示绿色。

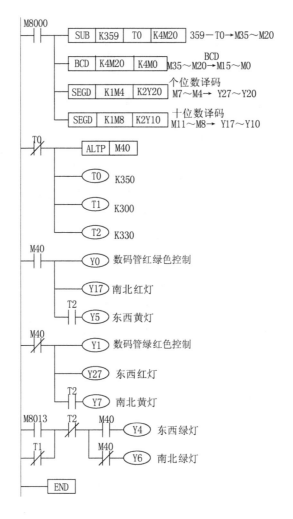

图 76-3　十字路口交通灯梯形图

Y27 得电，东西红灯亮；Y6 得电，南北绿灯亮。

T1 延时 30s，T1 常闭接点断开，Y6 经 M8013 得电，南北绿灯闪亮。

T2 延时 33s，T2 常闭接点断开，Y6 失电，T2 常开接点闭合，Y7 得电，东西黄灯亮。

T0 延时 35s，T0 常闭接点断开，T0、T1、T2 失电一个扫描周期又重新得电，M40 由 0 变为 1，完成一个周期并周而复始。

M40、T0、T1、T2 的时序图如图 76-4 所示。

梯形图中功能指令用于倒计时显示通行和停止时间。SUB 指令用于将 T0 的加计数值转换为倒计时值，并存放到 K4M20 中，BCD 指令用于将 K4M20 中二进制数转化成 BCD 码并存放到 K4M0 中，如图 76-5 所示。M7～M4 中存放秒的个位数，M11～M8 中存放秒的十位数，SEGD K1M4 K2Y20 指令将秒的个位数进行译码，通过输出继电器 K2Y20 控制数码管显示秒的个位数；SEGD K1M8 K2Y10 指令是将秒的十位数进行译码，通过输出继电器 K2Y10 控制数码管显示秒的十位数。

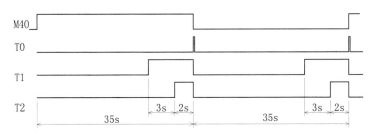

图 76-4　M40、T0、T1、T2 的时序图

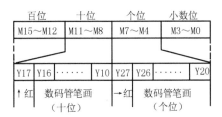

图 76-5　SEGD 指令工作原理图

在 SEGD 指令中，K2Y10 和 K2Y20 中的 Y17 和 Y27 被置零，未被用到。为了将 Y17 和 Y27 使用起来，可将 Y17 和 Y27 的线圈放到 SEGD 指令的后面。此例中 Y17 和 Y27 被分别用于南北方向的红灯和东西方向的红灯，参见图 76-3。

分类十二 步进电动机控制

实例 77 四相步进电动机 2 相激磁控制

用一个按钮控制一台四相步进电动机,采用如图 77-1 所示的 2 相激磁控制方式。设每步 1s,可以正反转控制,按下按钮,电动机运行时指示灯亮,再按一次按钮时电动机停止,指示灯熄灭。

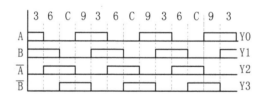

图 77-1 四相步进电动机正转时 2 相激磁控制方式

控制方案设计

1. 输入/输出元件及控制功能

如表 77-1 所示,介绍了实例 77 中用到的输入/输出元件及控制功能。

表 77-1 输入/输出元件及控制功能

	PLC 软元件	元件文字符号	元 件 名 称	控 制 功 能
输入	X0	SB	按钮	启动停止控制
	X1	SA	开关	正反转控制
输出	Y0		A 相端	步进电机 A 相
	Y1		B 相端	步进电机 B 相
	Y2		$\overline{A}$ 相端	步进电机 $\overline{A}$ 相
	Y3		$\overline{B}$ 相端	步进电机 $\overline{B}$ 相
	Y4	HL	信号灯	运行显示

2. 电路设计

四相步进电动机控制接线图和梯形图如图 77-2 和图 77-3 所示。

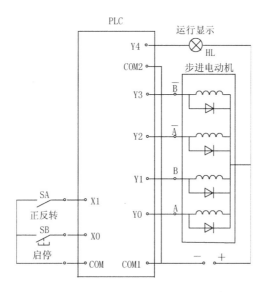

图 77-2　四相步进电动机接线图

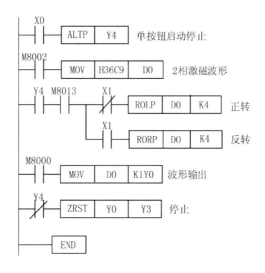

图 77-3　四相步进电动机控制梯形图

3. 控制原理

根据四相步进电动机采用 2 相激磁方式控制，可将激磁波形用 4 位十六进制数 36C9 来表示。

PLC 运行时，初始化脉冲 M8002 将十六进制数 36C9 传送到 D0 中。

电动机启动时，按下按钮 X0，Y4 由 0 翻转为 1，信号灯亮。Y4 常开接点闭合执行 ROL 循环左移指令，在秒脉冲 M8013 的上升沿，循环左移一位十六进制数，也就是 4 位二进制数，步进电动机正转。

将开关 X1 闭合，则执行 ROR 循环右移指令，在秒脉冲 M8013 的上升沿，循环右移，步进电动机反转。

再按下按钮 X0，Y4 由 1 翻转为 0，信号灯熄灭。Y4 常开接点断开，不再执行循环左、右移指令，Y4 常闭接点闭合，将输出继电器 Y0～Y3 复位。电动机停止。

实例 78　四相步进电动机 1-2 相激磁控制

用一个按钮控制一只四相步进电动机，采用 1-2 相激磁控制方式，如图 78-1 所示。设置 4 种步速：0.1s/步、0.3s/步、0.5s/步、1s/步。可以正反转控制，按下按钮时电动机运行，指示灯亮，再按一次按钮时电动机停止，指示灯熄灭。

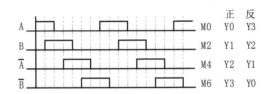

图 78-1　四相步进电动机 1-2 相激磁控制方式

控制方案设计

1．输入/输出元件及控制功能

如表 78-1 所示，介绍了实例 78 中用到的输入/输出元件及控制功能。

表 78-1　输入/输出元件及控制功能

	PLC 软元件	元件文字符号	元件名称	控制功能
输入	X0	SB	按钮	启动停止控制
	X1	SA	开关	正反转控制
	X2		调速开关	调速
	X3		调速开关	调速
输出	Y0		A 相端	步进电机 A 相
	Y1		B 相端	步进电机 B 相
	Y2		$\overline{A}$ 相端	步进电机 $\overline{A}$ 相
	Y3		$\overline{B}$ 相端	步进电机 $\overline{B}$ 相
	Y4	HL	信号灯	运行显示

2．电路设计

四相步进电动机 1-2 相激磁控制接线图如图 78-2 所示，梯形图如图 78-3 所示。

3．控制原理

梯形图采用移位寄存器中 M0～M6 的移位控制，其控制时序图如图 78-4 所示，其中 M0、M2、M4、M6 的时序正好和四相步进电动机 1-2 相激磁控制方式相同。

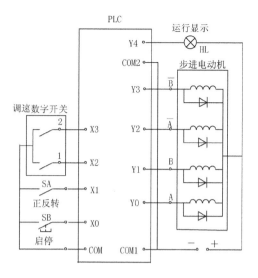

图 78-2 四相步进电动机 1-2 相激磁控制接线图

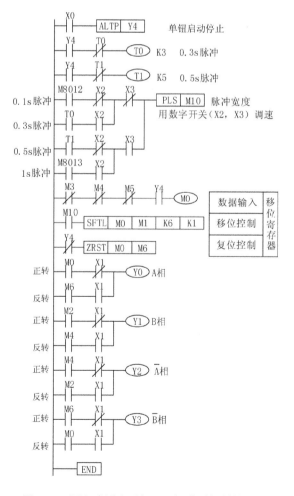

图 78-3 四相步进电动机 1-2 相激磁控制梯形图

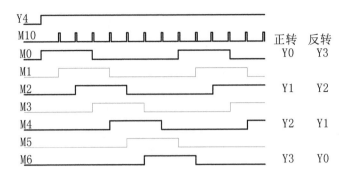

图 78-4　移位寄存器控制时序图

当 X1 开关断开时，M0=Y0、M2=Y1、M4=Y2、M6=Y3 为正转，当 X1 开关闭合时，M0=Y3、M2=Y2、M4=Y1、M6=Y0 为反转。

电动机步速由 X3、X2 控制，当 X3、X2 均为 00 时，为 0.1s/步，当 X3、X2 均为 01 时，为 0.3s/步，当 X3、X2 均为 10 时，为 0.5s/步，当 X3、X2 均为 11 时，为 1s/步。

实例 79　四相步进电动机 1-2 相激磁可连续调速控制

　　用一个按钮控制一台四相步进电动机，采用如图 79-1 所示的 1-2 相激磁控制方式。设初始步速 0.5s/步，可在 0.2～1.3s/步之间连续调速，可以正反转控制。按下按钮电机运行时，指示灯亮，再按一次按钮时电机停止，指示灯熄灭。

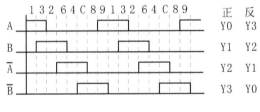

图 79-1　四相步进电动机 1-2 相激磁控制方式

控制方案设计

1. 输入/输出元件及控制功能

如表 79-1 所示，介绍了实例 79 中用到的输入/输出元件及控制功能。

表 79-1　输入/输出元件及控制功能

	PLC 软元件	元件文字符号	元件名称	控制功能
输入	X0	SB	按钮	启动停止控制
	X1	SA	开关	正反转控制

续表

	PLC 软元件	元件文字符号	元 件 名 称	控 制 功 能
输入	X2	SB2	调速按钮	加速调节
	X3	SB3	调速按钮	减速调节
输出	Y0		A 相端	步进电机 A 相
	Y1		B 相端	步进电机 B 相
	Y2		$\overline{A}$ 相端	步进电机 $\overline{A}$ 相
	Y3		$\overline{B}$ 相端	步进电机 $\overline{B}$ 相
	Y4	HL	信号灯	运行显示

2. 电路设计

四相步进电动机 1-2 相激磁控制接线图如图 79-2 所示，梯形图如图 79-3 所示。

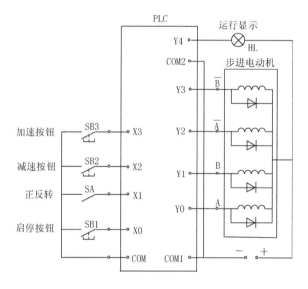

图 79-2 四相步进电动机 1-2 相激磁控制接线图

3. 控制原理

四相步进电动机采用 1-2 相激磁方式，其波形可以用 8 位十六位制数 13264C89 来表示，用循环左右移指令进行移位，即可输出 1-2 相激磁波形。

PLC 运行时，初始化脉冲 M8002 将十六进制数 13264C89 传送到 D1、D0 中。

电动机启动时，按下按钮 X0，Y4 由 0 翻转为 1，信号灯亮。Y4 常开接点闭合，接通定时器 T246，延时时间为 D2，D2 的初始值为 K500，用加 1 指令 INC 和减 1 指令 DEC 指令可以改变 D2 的大小。按下按钮 X2，D2 对 M8011 的 0.01s 脉冲进行加 1 计数，当计数值大于 1300 时断开（D2≤1300 时闭合）；按下按钮 X3，D2 对 M8011 的 0.01s 脉冲进行减 1 计数，当计数值小于 200 时断开（D2≥200 时闭合）。

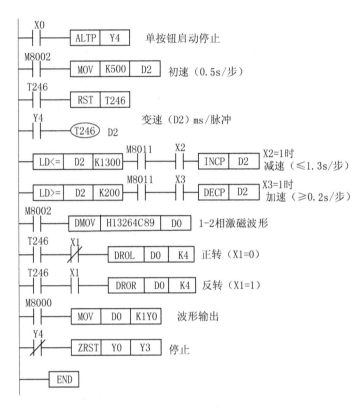

图 79-3　四相步进电动机 1-2 相激磁控制梯形图

定时器 T246 每隔 D2 发出一个脉冲，当 X=0 时，执行 ROL 循环左移指令，步进电动机正转。当 X=1 时，执行 ROR 循环右移指令，步进电动机反转。

再按下按钮 X0，Y4 由 1 翻转为 0，信号灯熄灭。Y4 常开接点断开，不再执行循环左、右移指令，Y4 常闭接点闭合，将输出继电器 Y0～Y3 复位。电动机停止。

分类十三 随机控制

实例80 停车场车辆计数

某停车场有 50 个车位，用 PLC 对进出车辆进行计数，当车辆进入停车场时，计数值加 1，当车辆离开停车场时，计数值减 1，当计数值为 50 时车位已满，信号灯亮。如图 80-1 所示为小车进出示意图。

图 80-1 小车进出示意图

控制方案设计

1. 输入/输出元件及控制功能

如表 80-1 所示，介绍了实例 80 中用到的输入/输出元件及控制功能。

表 80-1 输入/输出元件及控制功能

	PLC 软元件	元件文字符号	元件名称	控制功能
输入	X0	SQ1	光电开关（A 相）	检测小车进出
	X1	SQ2	光电开关（B 相）	检测小车进出
输出	Y0	HL	信号灯	车辆已满信号

2. 电路设计

方法 1：

停车场计数控制 PLC 接线图和梯形图如图 80-2 所示。

停车场只有一个门，需用两个光电开关检测车辆进出的方向，如图 80-2 所示，当车辆进入停车场时，光电开关 A 先动作，X0=1，数据寄存器 D0 加 1，同时 M0 得电自锁，M0 常闭接点断开 DECP D0 指令，接着当光电开关 B 再动作时，X1=1，由于减 1 指令 DECP

D0 已断开，所以不能减计数。当车辆进入后，X1=0，其 X1 的下降沿接点断开 M0 的自锁回路，为下一辆进入车辆计数做好准备。

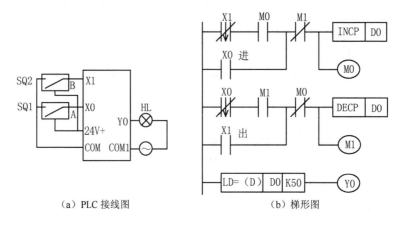

（a）PLC 接线图　　　　　（b）梯形图

图 80-2　停车场计数控制（方法 1）

当车辆离开停车场时，光电开关 B 先动作，D0 中的数减 1，其动作原理与车辆进入时相似。如图 80-3 所示为小车进出时序图。

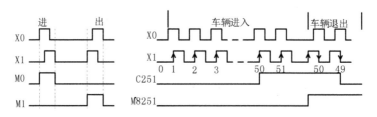

图 80-3　小车进出时序图

方法 2：

在 FX 型 PLC 中，有 5 个 AB 相型高速计数器（C251～C255），若用其中的 C251 计数器，X0 为 A 相输入，X1 为 B 相输入。在输入继电器 X0、X1 的输入端分别接两个光电开关。PLC 对 AB 相相序进行加、减计数，当 X0 超前 X1 时为加计数，当 X1 超前 X0 是为减计数。若在停车场门上并排放两个光电开关 A 和 B，当车辆进入停车场时光电开关 A 先于光电开关 B 动作，计数器 C251 加 1，当计数值为 50 时，输入继电器 Y0 得电，信号灯亮，显示停车场已满；当车辆离开停车场时，光电开关 B 先于光电开关 A 动作，计数器 C251 减 1。梯形图和 PLC 接线图如图 80-4 所示。

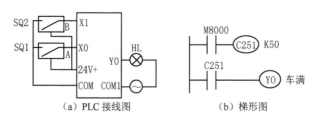

（a）PLC 接线图　　　　　（b）梯形图

图 80-4　停车场计数控制（方法 2）

实例 81 变频器多速控制

用 PLC 对变频器进行多速控制。变频器有三个调速输入端 S1、S2、S3，改变输入端 S1、S2、S3 的通断状态，如表 81-1 所示，可以进行 7 段调速。

表 81-1 变频器输入端状态表

转速挡次		1速	2速	3速	4速	5速	6速	7速
变频器 输入端	S1	1	0	01	0	1	0	1
	S2	0	1	1	0	0	1	1
	S3	0	0	0	1	1	1	1

控制方案设计

1. 输入/输出元件及控制功能

如表 81-2 所示，介绍了实例 81 中用到的输入/输出元件及控制功能。

表 81-2 输入/输出元件及控制功能

	PLC 软元件	元件文字符号	元件名称	控制功能
输入	X1	SA-1	选择开关接点 1	变频器 1 速
	X2	SA-2	选择开关接点 2	变频器 2 速
	X3	SA-3	选择开关接点 3	变频器 3 速
	X4	SA-4	选择开关接点 4	变频器 4 速
	X5	SA-5	选择开关接点 5	变频器 5 速
	X6	SA-6	选择开关接点 6	变频器 6 速
	X7	SA-7	选择开关接点 7	变频器 7 速
输出	Y1	S1	PLC 输出端 1	变频器 S1 端输入
	Y2	S2	PLC 输出端 2	变频器 S2 端输入
	Y3	S3	PLC 输出端 3	变频器 S3 端输入

2. 电路设计

方法 1：

用 7 挡选择开关设定变频器的多速控制，如图 81-1 所示。

根据变频器调速输入端 S1～S3 的变频器输入端状态表，列出 PLC 输入/输出的对应关系，如表 81-3 所示。

根据表写出变频器多速控制梯形图，如图 81-1（b）所示。

扳动调速选择开关 SA 到某一挡，若选择开关 SA 扳到 SA-3 时，输入继电器 X3 接通，Y1 和 Y2 得电输出，变频器调速输入端 S1 和 S2 接通，变频器为 3 速。

方法 2：

用 7 个调速按钮设定变频器的多速控制，PLC 接线图如图 81-2 所示，梯形图如图 81-3 所示。

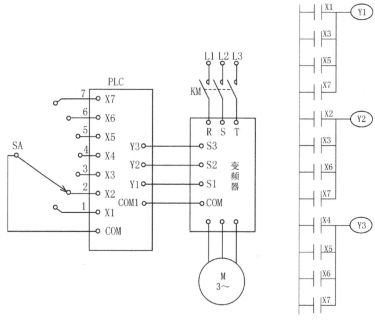

（a）变频器多速控制接线图　　　　　　（b）变频器多速控制梯形图

图 81-1　变频器多速控制接线图和梯形图

表 81-3　变频器调速输入端与 PLC 对应关系

变频器调速输入端	PLC7 挡调速选择开关 SA							PLC 输出端
	X1	X2	X3	X4	X5	X6	X7	
S1	1		1		1		1	Y1
S2		1	1			1	1	Y2
S3				1	1	1	1	Y3

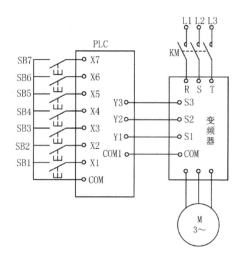

图 81-2　变频器多速控制接线图

按下某一挡的按钮，对应的辅助继电器置位，其他的辅助继电器复位，例如，按下第五挡的按钮 SB5，输入继电器 X5 接通，对应的辅助继电器 M5 置位，X5 接点使其他的辅助继电器复位，M5 接点接通 Y1 和 Y2 得电输出，变频器调速输入端 S1 和 S3 接通，变频器为 5 速。

　　如图 81-3 所示为变频器多速基本指令控制梯形图，该梯形图比较长，其用功能指令则比较简单，如图 81-4 所示。

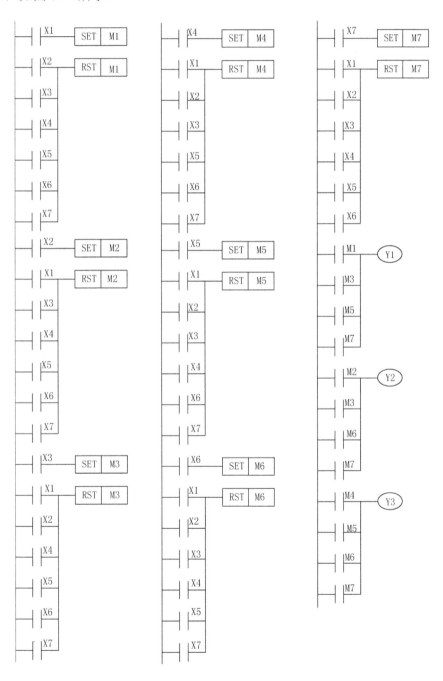

图 81-3　变频器多速基本指令控制梯形图

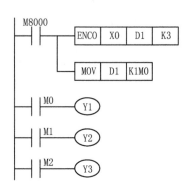

图 81-4　变频器多速功能指令控制梯形图

其工作原理如下：

图 81-4 中，执行 ENCO 编码指令，将输入信号 X7～X0 进行编码存放在数据寄存器 D1 中，再执行 MOV 传送指令，将数据寄存器 D1 中的数据存放在 K1M0 中，当输入按钮松开时，数据保持不变，如表 81-4 所示。M1～M3 通过 Y1～Y3 进行输出。

表 81-4　七段速按钮编码输出表

七 段 速	七段速按钮								编　码		
	X7	X6	X5	X4	X3	X2	X1	X0	M2	M1	M0
	0	0	0	0	0	0	0	1	0	0	0
1 速	0	0	0	0	0	0	1	0	0	0	1
2 速	0	0	0	0	0	1	0	0	0	1	0
3 速	0	0	0	0	1	0	0	0	0	1	1
4 速	0	0	0	1	0	0	0	0	1	0	0
5 速	0	0	1	0	0	0	0	0	1	0	1
6 速	0	1	0	0	0	0	0	0	1	1	0
7 速	1	0	0	0	0	0	0	0	1	1	1

实例 82　矩阵输入

　　FX 型 PLC 有专用的矩阵输入指令 MTR，采用矩阵输入十分方便。由 8 点输入和 8 点晶体管输出，获得 64 点输入。但它的条件必须是 8 点输入，输出只能在 2～8 点之内。因此，它们的使用范围就受到限制，根据 FX 型 PLC 的数据形式，输入点可以是 4 的倍数。例如，K1X20 表示由 X23、X22、X21、X20 表示 4 位数，最多可以达到 K8 即 32 位，总的输入点为输入点数与输出点数的乘积。如果输入点数超过了 32 点，可以多次编程。由于采用编程的方法来实现矩阵输入点和输出点，不受限制，可以组成足够多的矩阵输入开关。例如，用于 FX2N-64MT 型 PLC 可组成 1024（32×32）个矩阵输入开关。

控制方案设计

1. 输入/输出元件及控制功能

如表82-1所示，介绍了实例82中用到的输入/输出元件及控制功能。

表82-1 输入/输出元件及控制功能

	PLC 软元件	元件文字符号	元 件 名 称	控 制 功 能
输入	X20			行输入
	X21			行输入
	X22			行输入
	X23			行输入
输出	Y20		M0～M3 列输入	列输出
	Y21		M4～M7 列输入	列输出
	Y22		M8～M11 列输入	列输出
	Y23		M12～M15 列输入	列输出
	Y24		M16～M20 列输入	列输出

2. 电路设计

PLC 4×5 的矩阵输入接线图如图82-1所示，输入梯形图如图82-2所示。

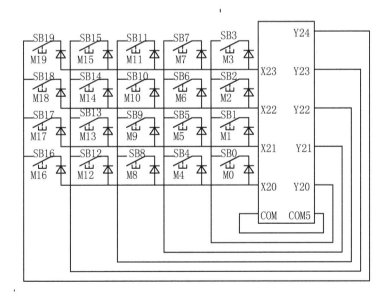

图 82-1 矩阵接线图

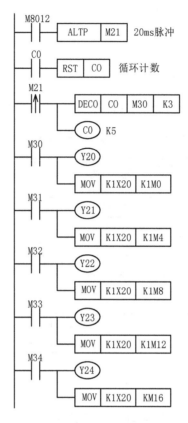

图 82-2　矩阵输入梯形图

3．控制原理

由 PLC 输入端 X20～X23 和输出端 Y20～Y24 组成 4×5 的输入矩阵，将 20 个输入按钮的数据分时依次传送到辅助继电器 M0～M19 中。

输入频率由 10ms 脉冲 M8012 经 ALTP 指令转换成 20ms 脉冲，由计数器 C0 对 M21 的脉冲进行计数，再将计数值进行译码，用 M30～M34 表示，如图 82-3 所示，M30～M34 每隔 20ms 依次导通，将 SB0～SB19 中的数据依次传送到辅助继电器 M0～M19 中。

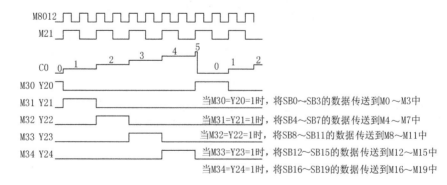

图 82-3　矩阵输入波形图

实例83 饮料自动出售机

一台饮料自动出售机用于出售汽水和咖啡两种饮料，汽水12元一杯，咖啡15元一杯。顾客可以投入1元、5元和10元三种硬币。当投入的硬币钱数大于或等于12元时，汽水灯亮。当投入的硬币钱数大于或等于15元时，咖啡灯亮。按下出汽水按钮，自动出汽水一杯，并找出多余零钱，按下咖啡按钮，自动出咖啡一杯，并找出多余零钱。

控制方案设计

1. 输入/输出元件及控制功能

如表83-1所示，介绍了实例83中用到的输入/输出元件及控制功能。

表83-1 输入/输出元件及控制功能

	PLC 软元件	元件文字符号	元 件 名 称	控 制 功 能
输入	X0	SQ1	检测元件	1元检测
	X1	SQ2	检测元件	5元检测
	X2	SQ3	检测元件	10元检测
	X3	SB1	按钮1	出咖啡
	X4	SB2	按钮2	出汽水
输出	Y0	YV1	电磁阀1	出咖啡
	Y1	YV2	电磁阀2	出汽水
	Y2	HL1	信号灯1	≥12元
	Y3	HL2	信号灯2	≥15元
	Y4	YV3	电磁阀3	找零钱

2. 电路设计

饮料自动出售机PLC接线图如图83-1所示，梯形图如图83-2所示。

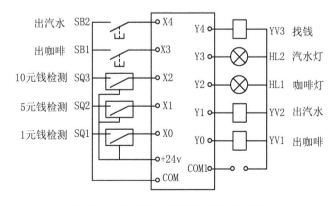

图83-1 饮料自动出售机PLC接线图

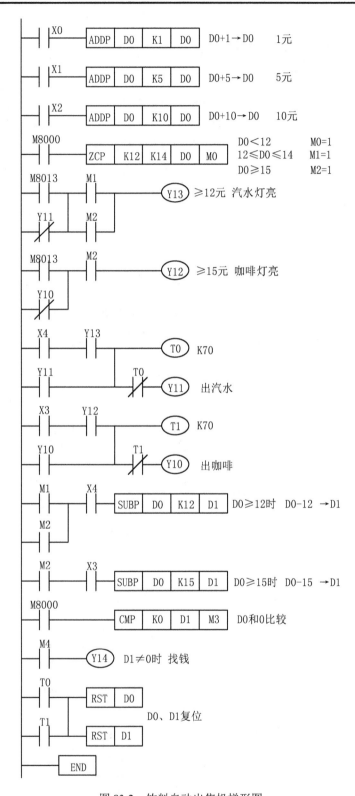

图 83-2　饮料自动出售机梯形图

3．控制原理

当投入 1 元硬币时，X0=1，D0 中的数据加 1，当投入 5 元硬币时，X1=1，D0 中的数据加 5，当投入 10 元硬币时，X2=1，D0 中的数据加 10。执行区间比较指令 ZCP，当 D0＜12 时，M0=1；当 12≤D0≤14 时，M1=1；当 D0＞14 时，M2=1。

当 D0≥12 时 M1=1，Y3 得电，当 D0≥15 时 M2=1，Y3 也得电，汽水灯亮。

当 D0≥15 时 M2=1，Y2 得电，咖啡灯亮。

当 Y3 得电，汽水灯亮时，按下出汽水按钮 X4，Y1 得电自锁，出汽水，定时器 T0 得电延时 7s 关断 Y1。

当 Y2 得电，咖啡灯亮时，按下出咖啡按钮 X3，Y0 得电自锁，出咖啡，定时器 T1 得电延时 7s 关断 Y0。

在 M1=1 或 M2=1 时，按下出汽水按钮 X4，执行 SUBP 指令找钱，将 D0 中的钱数减去 12，余数存放到 D1 中。

在 M2=1 时，按下出咖啡按钮 X3，执行 SUBP 指令找钱，将 D0 中的钱数减去 15，余数存放到 D1 中。

执行 CMP K0 D1 M3 比较指令：如果 D1=0，则 M4=1，M4 常闭接点断开，Y4=0，不找钱；如果 D1＞0，则 M4=0，M4 常闭接点闭合，Y4=1，找钱。

实例84 寻找最大数和最小数

在数寄存器 D0～D6 中存放一组数据，数据范围为 0～99，找出其中的最大数和最小数，并用数码管显示其数值。

控制方案设计

1．输入/输出元件及控制功能

如表 84-1 所示，介绍了实例 84 中用到的输入/输出元件及控制功能。

表 84-1　输入/输出元件及控制功能

	PLC 软元件	元件文字符号	元 件 名 称	控 制 功 能
输入	X0	SA	开关	控制
输出	Y0～Y3		数码管（个位）	显示最小数个位
	Y4～Y7		数码管（十位）	显示最小数十位
	Y10～Y13		数码管（个位）	显示最大数个位
	Y14～Y17		数码管（十位）	显示最大数十位

2．电路设计

寻找最大数和最小数的 PLC 接线图如图 84-1 所示，梯形图如图 84-2 所示。

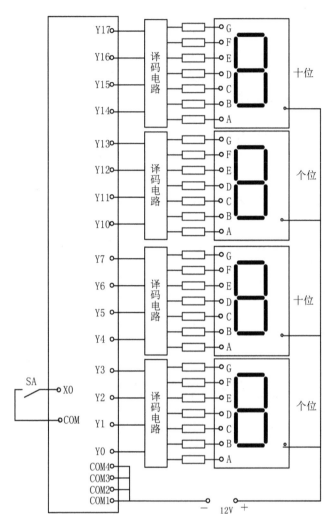

图 84-1　寻找最大数和最小数 PLC 接线图

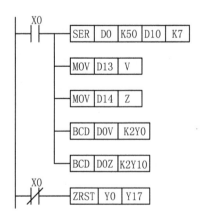

图 84-2　寻找最大数和最小数梯形图

3. 控制原理

设事先已经向 D0～D6 中存放好数据，如表 84-2 所示，闭合开关 X0，执行数据查找指令 SER，选被比较元件为 D0～D6，这样数据的位置编号正好和 D0～D6 的编号一样。比较的结果分别放到 D10～D14 中，其中 D13 放的是最小值数据寄存器的编号，D14 放的是最大值数据寄存器的编号。

表 84-2 指令 SER 执行情况表

被比较元件	元件中的数据	比较数据	数据位置	比较结果存放元件	比较结果的位置	说　明
D0	K58		0	D10	1	相同值的个数
D1	K12（最小值）		1	D11	2	相同值的最前位置
D2	K50（相同值）		2	D12	2	相同值的最后位置
D3	K12（最小值）	K50	3	D13	3	最小值的最后位置
D4	K85（最大值）		4	D14	5	最大值的最后位置
D5	K85（最大值）		5			
D6	K66		6			

将 D13 中的数据（最小值数据寄存器的编号）传送到变址寄存器 V 中，则 D0V 中存放的就是最小值。

将 D14 中的数据（最大值数据寄存器的编号）传送到变址寄存器 Z 中，则 D0Z 中存放的就是最大值。

将 D0V 中的数由 BCD 指令转换成 BCD 数，由 K2Y0 输出显示两位最小数。

将 D0Z 中的数由 BCD 指令转换成 BCD 数，由 K2Y10 输出显示两位最大数。

当 X0=0 时，将 Y0～Y17 复位，数码管停止显示。

实例85　智力抢答

8 人智力抢答竞赛，需要用 8 个抢答按钮（X7～X0）和 8 个指示灯（Y7～Y0）。当主持人报完题目，按下按钮（X10）后，抢答者才可按按钮，先按按钮者的灯亮，同时蜂鸣器（Y17）响，后按按钮者的灯不亮。用一个数码管显示抢答者的号码。

控制方案设计

1. 输入/输出元件及控制功能

如表 85-1 所示，介绍了实例 85 中用到的输入/输出元件及控制功能。

表 85-1　输入/输出元件及控制功能

	PLC 软元件	元件文字符号	元 件 名 称	控 制 功 能
输入	X0～X7	SB0～SB7	0#～7#按钮	0#～7#抢答
	X10	SB8	复位按钮	主持人复位
输出	Y0～Y7	HL0～HL7	0#～7#信号灯	0#～7#信号显示
	Y10～Y16		数码管	显示抢答者的号码
	Y17	HA	蜂鸣器	抢答音响

2．电路设计

智力抢答竞赛接线图如图 85-1 所示，梯形图如图 85-2 所示。

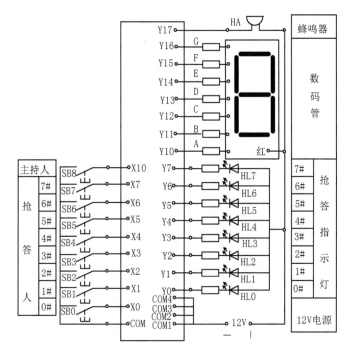

图 85-1　智力抢答竞赛接线图

3．控制原理

梯形图如图 85-2 所示，在主持人按钮 X10 未按下时不执行指令，抢答者按抢答按钮 K2X0（X7～X0）无效。当主持人按下按钮 X10 时，由于抢答按钮均未按下，所以 K2X0=0，由 MOV 指令将 K2X0 的值 0 传送到 K2Y0 中，由 CMP 指令比较 K2Y0 和 K0，由于 K2Y0=K0，比较结果是 M1=1。当按钮 X10 复位断开时，由 M1 接点接通 MOV 和 CMP 指令。当有人按下抢答按钮时，若按钮 X2 先按下，则 K2X0=00000100，经 MOV 指令传送，K2Y0=00000100，即 Y2=1，对应的指示 HL2 灯亮，经 CMP 指令比较，K2Y0=4＞0，比较结果是 M0=1，M1=0，MOV 和 CMP 指令被断开，这样，后按下的按钮无效。M0 接点闭合，Y17 得电，蜂鸣器响。

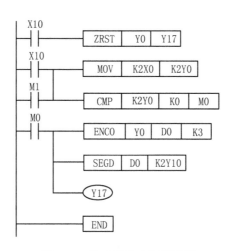

图 85-2　智力抢答竞赛梯形图

执行 ENCO 指令使 K2Y0=00000100，即"Y2=1"编码成数值 2 存放到数据寄存器 D0 中，再经 SEGD 指令进行七段译码送到输出继电器 Y10～Y17，到七段数码管显示数值 2。

注意：SEGD 指令在进行七段译码时只需要 7 个输出继电器 Y10～Y16 就够了，而将 Y10～Y17 中的 Y17 置零，为了充分利用输出继电器，可将 Y17 放在 SEGD 指令后面编程，参见梯形图 85-2。

分类十四　三相异步电动机基本控制

实例86　三相异步电动机两地可逆控制

在两个地点用按钮控制一台三相异步电动机的正反转启动停止。

控制方案设计

1．输入/输出元件及控制功能

如表86-1所示，介绍了实例86中用到的输入/输出元件及控制功能。

表86-1　输入/输出元件及控制功能

	PLC 软元件	元件文字符号	元 件 名 称	控 制 功 能
输入	X0	SB1、SB2	按钮	停止电动机
	X1	SB3、SB4	按钮	正转启动电动机
	X2	SB5、SB6	按钮	反转启动电动机
输出	Y0	KM1	接触器 1	电动机正转启动
	Y1	KM2	接触器 2	电动机反转启动

2．电路设计

在两个地点用按钮控制一台三相异步电动机的正反转启动停止的主电路、PLC 接线图和梯形图，如图86-1所示。

3．控制原理

（1）停止反转梯形图

正转启动时，按下正转按钮 SB3 或 SB4，X1=1，Y0=1，Y0 得电自锁，KM1 得电，电动机正转启动运行。

反转启动时，由于 Y0 常闭互锁接点断开，按下反转按钮 SB5 或 SB6 无效。所以应先按下停止按钮 SB1 或 SB2，常闭接点断开，X0=0，梯形图中 X0 常开接点断开，Y0 失电，使电动机停止。再按下反转按钮 SB5 或 SB6，X2=1，Y1 得电自锁，KM2 得电，电动机反转运行。

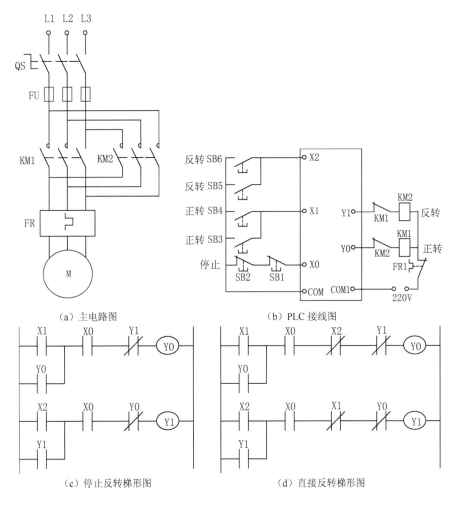

（a）主电路图 （b）PLC 接线图

（c）停止反转梯形图 （d）直接反转梯形图

图 86-1 三相异步电动机两地可逆控制

（2）直接反转梯形图

正转启动时，按下正转按钮 SB3 或 SB4，X1=1，Y0=1，Y0 得电自锁，KM1 得电，电动机正转启动运行。

反转启动时，按下反转按钮 SB5 或 SB6，X2=1，X2 常闭接点断开，Y0 失电停止正转，X2 常开接点闭合，Y1 得电自锁，KM2 得电，电动机反转启动运行。

按下停止按钮 SB1 或 SB2，按钮常闭接点断开，X0=0，梯形图中 X0 常开接点断开，Y1 失电，使电动机停止。

实例 87　4 台电动机同时启动停止，单独启动停止

用按钮控制 4 台电动机，要求 4 台电动机能同时启动、同时停止，也能每台电动机单独启动、单独停止。

控制方案设计

1．输入/输出元件及控制功能

如表 87-1 所示，介绍了实例 87 中用到的输入/输出元件及控制功能。

表 87-1　输入/输出元件及控制功能

	PLC 软元件	元件文字符号	元 件 名 称	控 制 功 能
输入	X0～X3	SB1～SB4	按钮	4 台电动机单独启动
	X4～X7	SB5～SB8	按钮	4 台电动机单独停止
	X10	SB9	按钮	4 台电动机同时启动
	X11	SB10	按钮	4 台电动机同时停止
输出	Y0～Y3	KM1～KM4	接触器	4 台电动机控制

2．电路设计

方法 1：采用基本指令。4 台电动机控制 PLC 接线图如图 87-1 所示，梯形图如图 87-2 所示。

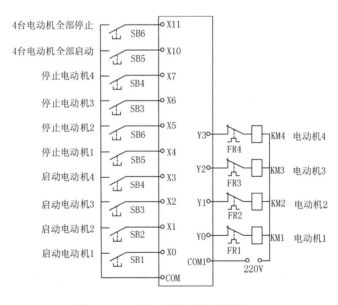

图 87-1　4 台电动机控制接线图之一

分别按下启动按钮 X0～X3，Y0～Y3 分别得电自锁，分别启动电动机 1～4。

分别按下停止按钮 X4～X7，Y0～Y3 分别失电，分别停止电动机 1～4。

按下启动按钮 X10，Y0～Y3 同时得电自锁，同时启动电动机 1～4。

按下停止按钮 X11，Y0～Y3 同时失电，同时停止电动机 1～4。

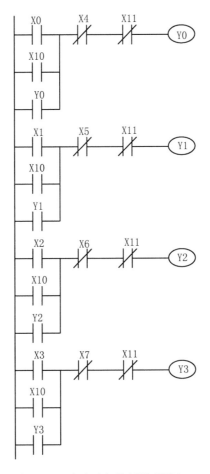

图 87-2 4 台电动机控制梯形图之一

方法 2：采用逻辑字异或指令 WXOR。4 台电动机控制 PLC 接线图如图 87-3 所示，梯形图如图 87-4 所示。

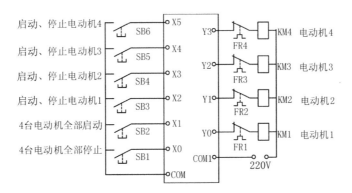

图 87-3 4 台电动机控制接线图之二

按下启动按钮 X0，将十进制常数 15（或 -1）传送到 K1Y0，K1Y0=1111_2，Y0～Y3 同时得电，当按钮松开时，K1Y0 中的数据不变，仍为 1111_2，四台电动机同时启动。

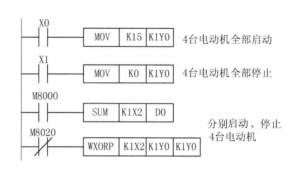

图 87-4　4 台电动机控制梯形图之二

按下停止按钮 X1，将十进制常数 0 传送到 K1Y0，K1Y0=0000_2，Y0～Y3 同时失电，当按钮松开时，K1Y0 中的数据不变，仍为 0000_2，四台电动机同时停止。

当按钮 X2～X5 未按下时，K1X2=0，执行指令 SUM，D0=0，结果 M8020=1，M8020 常闭接点断开，不执行 WXORP 指令。假设初始状态 Y0～Y3 均失电，K1Y0=0000_2，现在按下 X2～X5 中的一个按钮，如 X3，则 K1X2=0010_2，执行指令 SUM，D0=1，结果 M8020=0，M8020 常闭接点闭合，执行 WXORP 指令。K1X2=0010_2 和 K1Y0=0000_2 进行逻辑字异或 WXOR 运算，其结果 K1Y0=0010_2，即 Y1=1，电动机 2 启动。当按钮 X3 松开时，D0=0，M8020=1，不执行 WXORP 指令，但其结果 K1Y0=0010_2 不变。

此时如果再按一次按钮 X3，执行 SUM 指令，D0=1，M8020=0，执行 WXORP 指令。K1X2=0010_2 和 K1Y0=0010_2 进行逻辑字异或 WXOR 运算，其结果 K1Y0=0000_2，即 Y1=0，电动机 2 停止。当按钮 X3 松开时，其结果 K1Y0=0000_2 不变。

实例 88　三相异步电动机串电阻降压启动

　　三相异步电动机启动时在三相定子电路中串接电阻，使电动机定子绕组电压降低，启动结束后再将电阻短接，电动机在额定电压下正常运行。

控制方案设计

1. 输入/输出元件及控制功能

如表 88-1 所示，介绍了实例 88 中用到的输入/输出元件及控制功能。

表 88-1　输入/输出元件及控制功能

	PLC 软元件	元件文字符号	元件名称	控制功能
输入	X0	SB1	停止按钮	停止电动机
	X1	SB2	启动按钮	启动电动机
输出	Y0	KM1	接触器 1	串接电阻启动
	Y1	KM2	接触器 2	短接电阻运行

2．电路设计

三相异步电动机串电阻降压启动控制主电路、PLC 接线图和梯形图如图 88-1 所示。

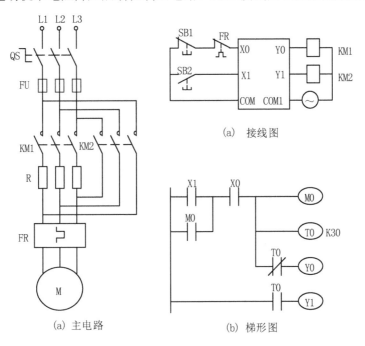

(a) 接线图

(a) 主电路

(b) 梯形图

图 88-1　串电阻降压启动

3．控制原理

合上电源开关 QS，按启动按钮 SB2，X1 接点闭合，辅助继电器 M0 得电自锁，Y0 线圈得电。KM1 得电，电动机 M 串联电阻 R 启动，同时定时器 T0 得电，延时 3s，T0 常闭触点断开 Y0，T0 常开触点接通 Y1 线圈，使接触器 KM2 得电，将主回路电阻 R 短接，电动机在全压下进入稳定正常运行。KM1 线圈失电，以节省接触器 KM1 线圈的耗电。

停止按钮采用常闭接点，正常时 X0 得电，常开接点闭合。停止时按下停止按钮，X0 失电，X0 常开接点断开，T0、M0、Y0、Y1 线圈都失电，电动机停止运行。

实例89　三相异步电动机星三角（延边三角）降压启动

三相异步电动机启动时将三相定子绕组接成星形（或接成延边三角形），以降低子绕组电压，已达到减小启动电流的目的，启动结束后再将三相定子绕组接成三角形，电动机在额定电压下正常运行。星形降压启动过程实际上和延边三角形降压启动过程一样，所以启动控制电路或控制梯形图是一样的。

三相异步电动机星形—三角形（星三角）降压启动控制主电路和延边三角形—三角形（延边三角）降压启动控制主电路如图 89-1 所示。

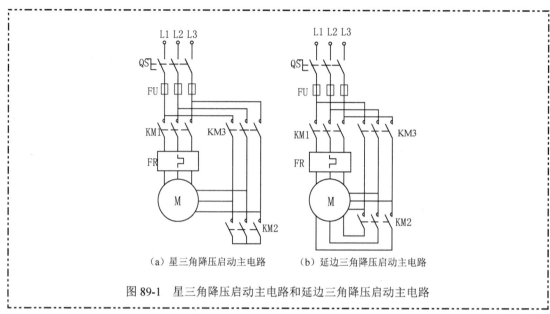

（a）星三角降压启动主电路　　　（b）延边三角降压启动主电路

图 89-1　星三角降压启动主电路和延边三角降压启动主电路

控制方案设计 1

1. 输入/输出元件及控制功能

如表 89-1 所示，介绍了实例 89 采用第一种控制方案设计时用到的输入/输出元件及控制功能。

表 89-1　输入/输出元件及控制功能

	PLC 软元件	元件文字符号	元件名称	控制功能
输入	X0	SB1	停止按钮	停止电动机
			热继电器接点	电动机过载保护
	X1	SB2	启动按钮	启动电动机
输出	Y0	KM1	接触器 1	电源连接
	Y1	KM2	接触器 2	星形连接 或延边三角形连接
	Y2	KM3	接触器 3	三角形连接

2. 电路设计

PLC 接线图和梯形图如图 89-2 所示。

3. 控制原理

启动时按下启动按钮 X1，Y0 线圈得电自锁，同时 Y1 线圈得电，驱动接触器 KM1、KM2 线圈得电，电动机 M 接成星形（或延边三角形）接线启动。定时器 T0 得电延时，5s 后 T0 常闭接点断开 Y1，T0 常开接点接通 Y2，电动机 M 由星形接线改接成三角形接线全电压运行。

再按一下常闭停止按钮 X0，X0 常开接点断开，Y0、Y1、Y2 和 T0 线圈均失电，电动机停转。

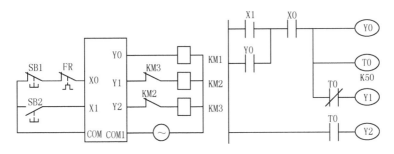

图 89-2 三相异步电动机星三角（延边三角）降压启动 PLC 接线图和梯形图

控制方案设计 2

1. 输入/输出元件及控制功能

如表 89-2 所示，介绍了实例 89 采用第二种控制方案设计时用到的输入/输出元件及控制功能。

表 89-2 输入/输出元件及控制功能

	PLC 软元件	元件文字符号	元件名称	控制功能
输入	X0	SB1	启动、停止按钮	启动、停止电动机
输出	Y0	KM1	接触器 1	星形连接或延边三角形连接
		KM2	接触器 2	
	Y1	KM3	接触器 3	三角形连接

2. 电路设计

PLC 接线图和梯形图如图 89-3 所示。如图 89-4 所示为星形三角（延边三角）降压启动时序图。

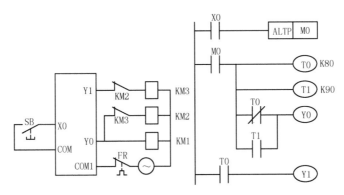

图 89-3 三相异步电动机星三角（延边三角）降压启动 PLC 接线图和梯形图

3. 控制原理

按下按钮 X0，M0=1，T0、T1 得电，Y0 得电，接触器 KM1 和 KM2 得电，电动机接成

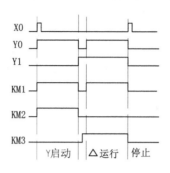

图 89-4　星形三角（延边三角）降压启动时序图

星（或延边三角连接）降压启动，T0 延时 8s，T0 常闭接点断开 Y0 线圈，KM1 和 KM2 失电，其主接点断开，接通 Y1 线圈，当 KM2 主接点断开后，KM2 常闭接点闭合，使 KM3 线圈得电，KM3 主接点闭合，这期间有一个灭弧过程。由于 KM1 失电，KM3 主接点闭合不会产生电弧，再经过 1s 的延时，Y0 得电，KM1 得电，将电动机接成三角形运行。

再按一下按钮 X0，M0=0，Y0、Y1 均失电，电动机停转。如果电动机过载，热继电器动作，断开 PLC 输出电源，断开接触器的电源，电动机停转。

实例 90　三相异步电动机可逆星三角形降压启动

三相异步电动机可逆星三角形降压启动主电路图如图 90-1 所示。启动时按正转或反转启动按钮，先将正转接触器 KM1 或反转接触器 KM2 得电，同时接触器 KM3 得电将三相定子绕组接成星形（或接成延边三角形），以降低定子绕组电压，已达到减小启动电流的目的。启动结束后断开接触器 KM3，再将接触器 KM4 闭合，使三相定子绕组接成三角形，电动机在额定电压下正常运行。

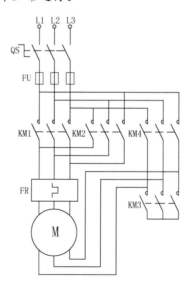

图 90-1　可逆星形（三角形）降压启动

控制方案设计 1

1. 输入/输出元件及控制功能

如表 90-1 所示，介绍了实例 90 采用第一种控制方案设计时用到的输入/输出元件及控制功能。

表 90-1 输入/输出元件及控制功能

	PLC 软元件	元件文字符号	元件名称	控制功能
输入	X0	SB1	停止按钮	停止电动机
		FR	热继电器接点	电动机过载保护
	X1	SB2	正转启动按钮	电动机正转
	X2	SB3	反转启动按钮	电动机反转
输出	Y0	KM1	正转接触器 1	电源正转连接
	Y1	KM2	反转接触器 2	电源反转连接
	Y2	KM3	接触器 3	星形连接
	Y3	KM4	接触器 4	三角形连接

2. 电路设计

三相异步电动机可逆星三角形降压启动 PLC 接线图和梯形图如图 90-2 所示。

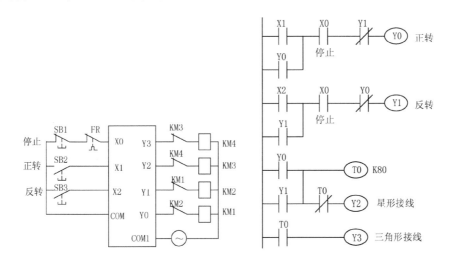

图 90-2 PLC 接线图和梯形图

3. 控制原理

启动时按下正转启动按钮 X1，Y0 线圈得电自锁，同时 Y2 线圈得电，驱动接触器

KM1、KM3 线圈得电，电动机 M 接成星形接线正转启动。定时器 T0 得电延时，8s 后 T0 常闭接点断开 Y2，T0 常开接点接通 Y3，电动机 M 由星形接线改接成三角形接线全电压运行。

反转启动过程与正转启动类似。

再按一下常闭停止按钮 X0，X0 常开接点断开，全部线圈均失电，电动机停转。

控制方案设计 2

1. 输入/输出元件及控制功能

如表 90-2 所示，介绍了实例 90 采用第二种控制方案设计时用到的输入/输出元件及控制功能。

表 90-2　输入/输出元件及控制功能

	PLC 软元件	元件文字符号	元 件 名 称	控 制 功 能
输入	X1	SB2	正转启动或停止按钮	电动机正转启动或停止
	X2	SB1	反转启动或停止按钮	电动机反转启动或停止
输出	Y1	KM1	正转接触器 1	电源正转连接
	Y2	KM2	反转接触器 2	电源反转连接
		KM3	接触器 3	星形连接
	Y3	KM4	接触器 4	三角形连接

2. 电路设计

PLC 接线图和梯形图如图 90-3 所示。由 PLC 接线图可知，控制方案设计 2 比控制方案设计 1 少用一个输入接点和一个输出接点。

3. 控制原理

按下正转按钮 X1，执行 ALTP 指令，M0=1，定时器 T1 得电。M1 置位，Y1 得电，接触器 KM1 和 KM3 得电，电动机接成星形降压正转启动。T1 延时 8s，T1 常闭接点断开 Y1 线圈。KM1 和 KM3 失电，其主接点断开，电动机暂时失电，T1 常开接点接通 Y3 线圈，当 KM3 主接点断开后，KM2 常闭接点闭合，使 KM4 线圈得电，KM4 主接点闭合，这期间是一个灭弧过程。由于 KM1 失电，KM4 主接点闭合不会产生电弧，T2 再经过 1s 的延时，再接通 Y1 得电，KM1 得电，将电动机接成三角形运行。

再按一次按钮 SB1 或 SB2，M0=0，M1 和 M2 复位，输出继电器均失电，电动机停转。

按下反转按钮 X2，电动机反转星形降压启动，延时一段时间，电动机接成三角形运行，其工作过程与正转类似。

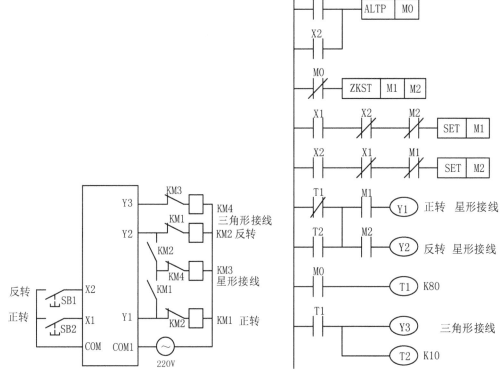

图 90-3 PLC 接线图和梯形图

实例 91 三相异步电动机点动启动能耗制动

控制一台三相异步电动机，按下点动按钮，电动机启动，松开按钮，电动机停止，并能耗制动 2s。

控制方案设计

1. 输入/输出元件及控制功能

如表 91-1 所示，介绍了实例 91 中用到的输入/输出元件及控制功能。

表 91-1 输入/输出元件及控制功能

	PLC 软元件	元件文字符号	元件名称	控制功能
输入	X0	SB	点动按钮	电动机启动
输出	Y0	KM1	接触器 1	电动机启动控制
	Y1	KM2	接触器 2	电动机能耗制动控制

2．电路设计

电动机点动启动、能耗制动 PLC 接线图和梯形图如图 91-1 所示。

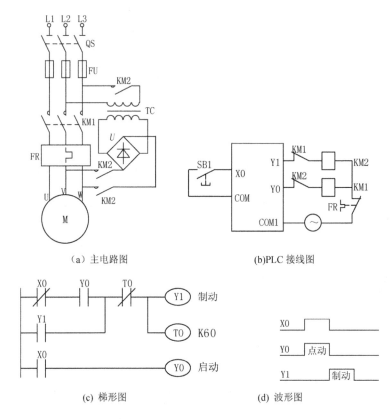

（a）主电路图　　　　　　　（b)PLC 接线图

(c) 梯形图　　　　　　　(d) 波形图

图 91-1　点动、能耗制动梯形图和波形图

3．控制原理

按下点动按钮 SB，X0=1，Y0=1，电动机启动，Y0 接点闭合，为 Y1 得电制动做好准备。松开按钮，Y0=0 电动机停止，X0 常闭接点闭合，Y1 得电并自锁，电动机能耗制动。同时定时器 T0 得电，延时 6s，T0 常闭接点断开，Y1=0，电动机能耗制动结束。

实例92　可逆星三角降压启动、点动、连动、反接制动控制

可逆星三角降压启动、点动、连动、反接制动控制电路，如图 92-1 所示，要求电动机启动时接成星形接线，延时 5s 转接成三角形接线运行。停止时，电动机接成星形接线反接制动，当速度接近 0 时，由速度继电器断开电源。点动控制时，按下点动按钮，电动机接成星形接线，松开点动按钮，电动机反接制动。

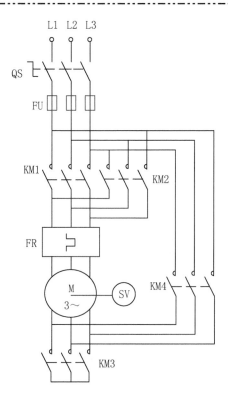

图 92-1　可逆星三角降压启动、点动、连动、反接制动控制电路

控制方案设计

1. 输入/输出元件及控制功能

如表 92-1 所示，介绍了实例 92 中用到的输入/输出元件及控制功能。

表 92-1　输入/输出元件及控制功能

	PLC 软元件	元件文字符号	元件名称	控制功能
输入	X0	SB1	停止按钮	电动机停止
		FR	热继电器接点	电动机过载保护
	X1	SB2	正转连动按钮	电动机正转连动启动
	X2	SB3	正转点动按钮	电动机反转点动启动
	X3	SB4	反转连动按钮	电动机正转连动启动
	X4	SB5	反转点动按钮	电动机反转点动启动
	X5	SV1	速度继电器正转接点	反接制动（转速检测）
	X6	SV2	速度继电器反转接点	反接制动（转速检测）
输出	Y0	KM1	接触器 1	正转控制
	Y1	KM2	接触器 2	反转控制
	Y2	KM3	接触器 3	星形接线
	Y3	KM4	接触器 4	三角形接线

2．电路设计

可逆星三角降压启动、点动、连动、反接制动控制 PLC 接线图，如图 92-2 所示，状态转移图如图 92-3 所示。

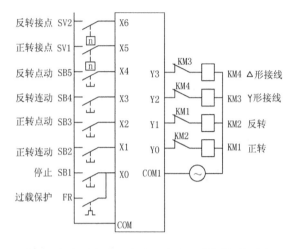

图 92-2　可逆星三角降压启动、点动、连动、反接制动控制 PLC 接线图

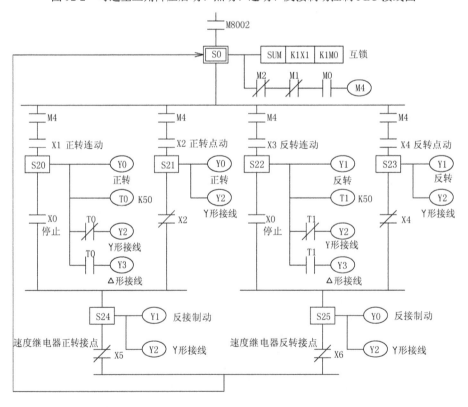

图 92-3　可逆星三角降压启动、点动、连动、反接制动控制状态转移图

3．控制原理

初始状态，PLC 运行时，初始化脉冲 M8002 使初始状态步 S0 置位。

当按钮 X1～X4 中只有一个接通的情况下，例如，按钮 X1 接通时，K1X1=0010，K1X1 中只有一个 1，执行 SUM 指令，结果 K1M0=0001，M4 线圈得电。M4 和 X1 接点闭合，S20 置位，实现正转连动控制，Y0 和 Y2 同时得电，电动机正转，Y形接线降压启动。同时定时器 T0 经过 5s 后，断开 Y2 接通 Y3 线圈，电动机接成三角形接线运行。电动机正转达到一定转速时，速度继电器正转接点 SV1 常开接点，梯形图中的常闭接点断开，为反接制动做好准备。

按下停止按钮 X1，S24 置位，Y0 和 Y2 同时得电，电动机接成Y形接线（以减少反接制动电流）反接制动。当电动机转速接近 0 时，速度继电器正转接点 SV1 常闭接点闭合，S24 复位，转移到 S0，Y1 和 Y2 失电，反接制动结束。

按下正转点动按钮 X2，S21 置位，Y1 和 Y2 同时得电，电动机接成Y形接线正转降压启动。松开按钮 X2，X2 常闭接点闭合，S24 置位进行反接制动。

反转连动和反转点动控制过程与上述类似。

实例 93　三相异步电动机自耦变压器降压启动

> 控制一台三相异步电动机自耦变压器降压启动，电动机启动时，先接通自耦变压器，由自耦变压器的二次低电压接于定子绕组降压启动，电动机启动电流的限制是依靠自耦变压器的降压作用实现的。启动结束时将自耦变压器断开，再将电动机直接进入电源电压全压运行。

控制方案设计

1．输入/输出元件及控制功能

如表 93-1 所示，介绍了实例 93 中用到的输入/输出元件及控制功能。

表 93-1　输入/输出元件及控制功能

	PLC 软元件	元件文字符号	元 件 名 称	控 制 功 能
输入	X0	SB1	停止按钮	停止电动机
	X1	SB2	启动按钮	启动电动机
输出	Y1	KM1	接触器 1	降压启动
		KM2	接触器 2	降压启动
	Y2	KM3	接触器 3	全压运行

2．电路设计

三相异步电动机自耦变压器降压启动控制主电路、PLC 接线图和梯形图，如图 93-1 所示。

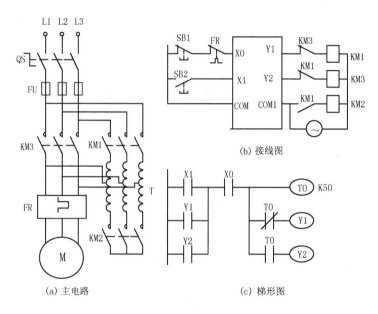

图 93-1　自耦降压启动

3．控制原理

启动时，合上电源开关 QS，按下启动按钮 SB2（X1），定时器 T0、输出继电器 Y1 得电自锁，接触器 KM1 的线圈通电，KM1 常开接点闭合又使 KM2 得电，将自耦变压器接至电源，自耦变压器二次抽头低电压向电动机供电，电动机开始降压启动。定时器 T0 延时 8s 断开 Y1，接通 Y2 线圈，自耦变压器脱离电源，接触器 KM2 线圈通电，于是电动机直接接到电网上运行，完成了整个启动过程。

实例 94　三相异步电动机双速变极调速控制电路

对于鼠笼型电动机，可采用改变极对数来调速。改变极对数主要是通过改变电动机绕组的接线方式来实现的。变极电动机一般有双速、三速和四速之分。

三相异步电动机双速变极调整控制要求如下：

按下启动按钮 SB2，接触器 KM1 线圈得电，KM1 主触点闭合，电动机绕组接成三角形接线低速启动。再按一次启动按钮 SB2，如果电动机低速启动时间小于 8s，则延时到 8s 电动机高速运行。如果电动机低速启动时间已经大于 8s，电动机则接成双星形接线立即高速运行。

控制方案设计

1．输入/输出元件及控制功能

如表 94-1 所示，介绍了实例 94 中用到的输入/输出元件及控制功能。

表 94-1 输入/输出元件及控制功能

	PLC 软元件	元件文字符号	元件名称	控制功能
输入	X0	SB1	停止按钮	停止电动机
	X1	SB2	低速高速启动按钮	启动电动机
输出	Y0	KM1	接触器 1	低速三角形接线
	Y1	KM2	接触器 2	高速双星形接线

2．电路设计

三相双速异步电动机变极调速控制主电路、PLC 接线图和梯形图，如图 94-1 所示。

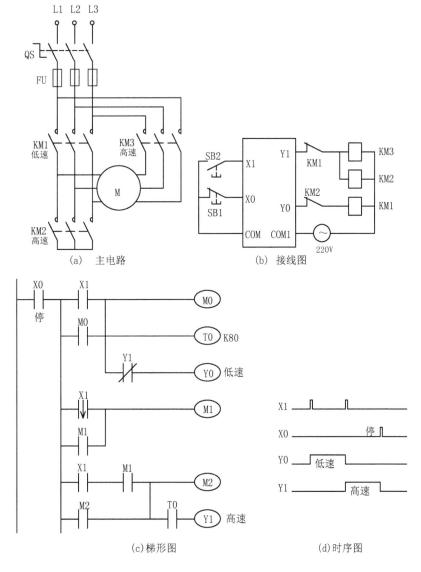

(a) 主电路

(b) 接线图

(c) 梯形图

(d) 时序图

图 94-1 双速电动机控制

3. 控制原理

按下启动按钮 SB2，X1 接点闭合，M0 线圈得电自锁，Y0 线圈得电。接触器 KM1 线圈得电，KM1 主触点闭合，电动机绕组接成三角形接线低速启动。定时器 T0 延时 8s，T0接点闭合，以保证 Y1 线圈 8s 后才能得电。松开启动按钮 SB2，X1 下降沿接点闭合一个扫描周期，M1 得电自锁，M1 接点闭合，为 Y1 得电高速运行做好准备。

再按下启动按钮 SB2，如果电动机低速启动时间小于 8s，则 M2 线圈得电自锁，等待T0 接点延时 8s 闭合，Y1 线圈得电。接触器 KM2 线圈得电，电动机高速运行。如果电动机低速启动时间大于 8s，则 M2 线圈得电自锁，由于 T0 接点已经闭合，Y1 线圈立即得电。接触器 KM2 线圈得电，电动机高速运行。

实例 95   三相异步电动机双速可逆变极调速控制

控制一台双速三相异步电动机可逆变极调速控制，控制主电路如图 95-1 所示。控制要求如下：

以正转启动为例，按下正转启动按钮，接触器 KM4、KM1 线圈得电，KM4、KM1主触点闭合，电动机绕组接成正转三角形接线低速启动。再按一次启动按钮，如果电动机低速启动时间小于 8s，则延时到 8s，接触器 KM4、KM2、KM3 线圈得电，电动机接成双星形接线高速运行。如果电动机低速启动时间已经大于 8s，电动机则接成双星形接线立即高速运行。

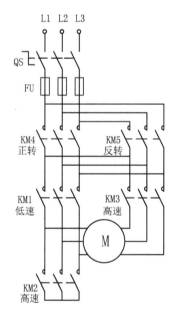

图 95-1 三相异步电动机双速可逆变极调速控制主电路图

按下反转启动按钮，工作过程与正转启动类似。按下停止按钮，电动机停止。

控制方案设计

1. 输入/输出元件及控制功能

如表 95-1 所示，介绍了实例 95 中用到的输入/输出元件及控制功能。

表 95-1　输入/输出元件及控制功能

	PLC 软元件	元件文字符号	元件名称	控制功能
输入	X0	SB1	停止按钮	停止电动机
	X1	SB2	正转低速高速启动按钮	正转低速高速启动电动机
	X2	SB3	反转低速高速启动按钮	反转低速高速启动电动机
输出	Y0	KM1	接触器 1	低速三角形接线
	Y1	KM2	接触器 2	高速双星形接线
		KM3	接触器 3	高速双星形接线
	Y2	KM4	接触器 4	正转
	Y3	KM5	接触器 5	反转

2. 电路设计

三相双速异步电动机可逆变极调速控制 PLC 接线图如图 95-2 所示，其梯形图如图 95-3 所示。

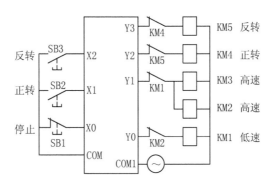

图 95-2　三相双速异步电动机可逆变极调速控制 PLC 接线图

3. 控制原理

初始状态，Y0～Y3 均为 0，按下正转启动按钮 X1，X1 上升沿接点闭合，由于 Y0 接点断开，M0 不能得电。X1 常开接点闭合，将十六进制常数 H5 传送到 K1Y0，如表 95-2 所示，结果 Y2=1，Y0=1，KM4 和 KM1 得电，电动机正转低速启动。Y2 常闭接点断开，互锁，按反转按钮 X2 无效。Y0 常开接点闭合，定时器 T0 得电延时。

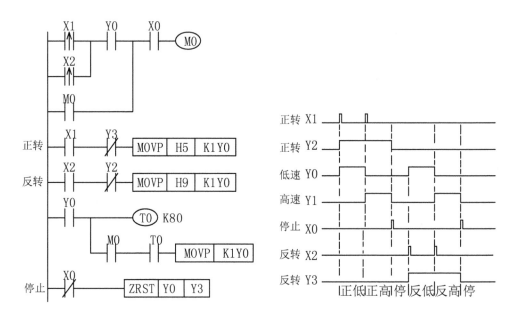

图 95-3　可逆双速电机控制梯形图及动作时序图

表 95-2　正反转高低速输出

	反　转	正　转	高　速	低　速	H
	Y3	Y2	Y1	Y0	
停止	0	0	0	0	0
正转低速	0	1	0	1	5
正转高速	0	1	1	0	6
反转低速	1	0	0	1	9
反转高速	1	0	1	0	A

　　再按一次启动按钮 X1，X1 上升沿接点闭合，由于 Y0 接点闭合，M0 得电自锁。M0 常开接点闭合。如果 T0 延时未到 8s，则等到 T0 延时接点闭合时，K1Y0 加 1，结果 K1Y0=6，即 Y2=1，Y1=1，KM4 得电，KM2、KM3 得电，电动机正转高速运行。如果 T0 延时已到 8s，则 K1Y0 加 1，结果 K1Y0=6，电动机正转高速运行。

实例 96　三相异步电动机单向反接制动

　　控制一台三相异步电动机的单向启动，停止时采用反接制动，即在电动机停止时向定子绕组中通入反相序的电压，给转子一个反向转矩，使电动机产生一个相反方向旋转的力，使电动机转速迅速下降，当转速下降至接近零时及时将电源切除，以防电动机反向启动。为了减小冲击电流，反接制动时需要在电动机主电路中串联反接制动电阻，以限制反接制动电流。

控制方案设计

1. 输入/输出元件及控制功能

如表 96-1 所示，介绍了实例 96 中用到的输入/输出元件及控制功能。

表 96-1 输入/输出元件及控制功能

	PLC 软元件	元件文字符号	元 件 名 称	控 制 功 能
输入	X0	SB1	停止保护按钮	停止保护电动机
	X1	SB2	启动按钮	启动电动机
	X2	SV	速度继电器	反接制动
输出	Y0	KM1	接触器 1	启动
	Y1	KM2	接触器 2	制动

2. 电路设计

三相异步电动机单向反接制动主电路、PLC 接线图和梯形图如图 96-1 所示。

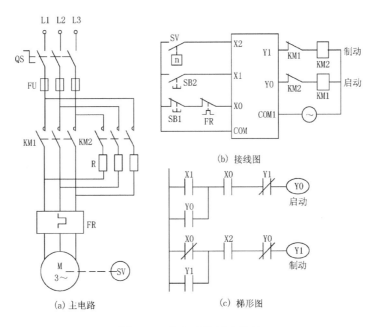

图 96-1 单向反接制动控制

3. 控制原理

启动时，按下启动按钮 SB2，X1 闭合，Y0 得电自锁，接触器 KM1 得电，电动机启动。当转速达到 120r/min 时，速度继电器 SV 常开触头闭合，X2 接点闭合，为反接制动做好准备。

按下停止按钮 SB1，SB1 常闭触头断开，X0 常开接点断开，Y0 失电。KM1 线圈断电，电动机脱离电源。X0 常闭接点闭合，由于此时电动机的惯性，转速还很高，SV 的常开触头依然处于闭合状态，X2 常开接点闭合，Y1 线圈得电自锁，KM2 线圈通电，其主触头闭合，使电动机定子绕组得到与正常运转相序相反的三相交流电源，电动机进入反接制动状态，转速迅速下降，当电动机接近于零时，速度继电器常开接点 SV 复位，X2 常开接点断开，Y1 线圈失电，KM2 接触器线圈电路被切断，反接制动结束。

实例97　三相异步电动机可逆反接制动

> 三相异步电动机可逆反接制动是指电动机可以正反转，当停止时，接入反相序的三相交流电源，使电动机产生反接制动力，使电动机转速迅速下降，当电动机接近于零时，用速度继电器切断电源，使电动机迅速停止。

控制方案设计 1

1．输入/输出元件及控制功能

如表 97-1 所示，介绍了实例 97 中采用控制方案设计 1 用到的输入/输出元件及控制功能。

表 97-1　输入/输出元件及控制功能

	PLC 软元件	元件文字符号	元 件 名 称	控 制 功 能
输入	X0	SB1	停止按钮	停止电动机
	X1	SB2	正转启动按钮	正转启动电动机
	X2	SB3	反转启动按钮	反转启动电动机
	X3	SV1	速度继电器正转接点	反接制动
	X4	SV2	速度继电器反转接点	反接制动
输出	Y0	KM1	接触器 1	正转，反接制动
	Y1	KM2	接触器 2	反转，反接制动

2．电路设计

三相异步电动机可逆反接制动控制主电路、PLC 接线图如图 97-1 所示，梯形图如图 97-2 所示。

3．控制原理

正转启动时，按下正转按钮 X1，Y0 得电自锁，电动机正转，速度继电器正转接点 X3 动作，为反接制动做好准备。

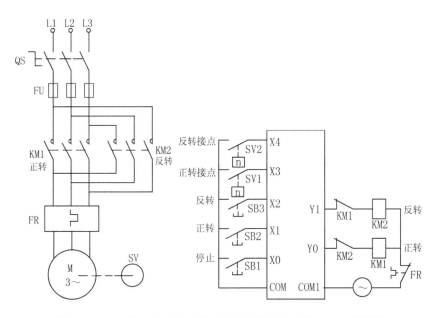

图 97-1 三相异步电动机可逆反接制动控制主电路、PLC 接线图

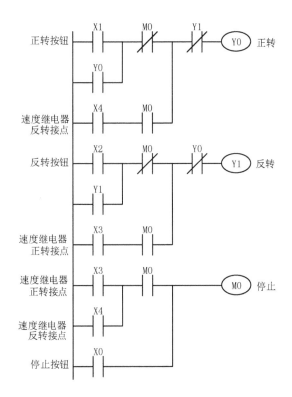

图 97-2 三相异步电动机可逆反接制动控制梯形图

停止时，按下停止按钮 X0，M0 得电自锁，M0 常闭接点断开 Y0，正转接触器 KM1 失电。电动机失电，由于惯性，继续旋转，速度继电器正转接点 X3 仍接通，M0 常开接点闭

合，使 Y1 线圈得电，电动机反接制动。当电动机转速过零时，速度继电器正转接点 X3 断开。Y1 线圈失电，电动机停止。

启动时，按下反转按钮 X2，Y1 得电自锁，电动机反转。停止时，按下按钮 X0，反接制动与正转类似。

M0 还具有防止电动机误动作的作用。例如，电动机在停电时，如果有人扳动电动机轴，使电动机正转时，速度继电器正转接点 X3 将会动作，但是 M0 常开接点断开，反转线圈 Y1 不会得电。

控制方案设计 2

1. 输入/输出元件及控制功能

如表 97-2 所示，介绍了实例 97 中采用控制方案设计 2 用到的输入/输出元件及控制功能。

表 97-2　输入/输出元件及控制功能

	PLC 软元件	元件文字符号	元件名称	控制功能
输入	X1	SB2	正转启动停止按钮	正转启动停止电动机
	X2	SB3	反转启动停止按钮	反转启动停止电动机
	X3	SV1	速度继电器正转接点	反接制动
	X4	SV2	速度继电器反转接点	反接制动
输出	Y0	KM1	接触器 1	正转，反接制动
	Y1	KM2	接触器 2	反转，反接制动

2. 电路设计

三相异步电动机可逆反接制动主电路、PLC 接线图如图 97-3 所示，梯形图如图 97-4 所示。

3. 控制原理

正转启动时，按下正转按钮 X1，Y0=1，接触器 KM1 得电，电动机正转，速度继电器正转接点 X3 动作。

停止时，再按一次正转按钮 X1，Y0=0，接触器 KM1 失电，电动机暂时脱离电源，Y0 下降沿接点接通一个扫描周期，Y1=1，接触器 KM2 得电，电动机反接制动。当电动机转速过零时，速度继电器正转接点 X3 断开，X3 下降沿接点接通一个扫描周期使 Y1=0，接触器 KM2 失电，电动机失电停止。

图中 Y0、Y1 常开接点用于防止电动机在停电时，人为扳动电动机轴，而引起误动作。例如，有人用手转动电动机轴正转，电动机转动时，速度继电器正转接点 X3 动作，当手松开时，电动机停止，正转接点 X3 又断开，这时，X3 下降沿接点动作，由于串入了 Y1 常开接点，所以不会接通 ALTP Y1 指令使电动机得电。

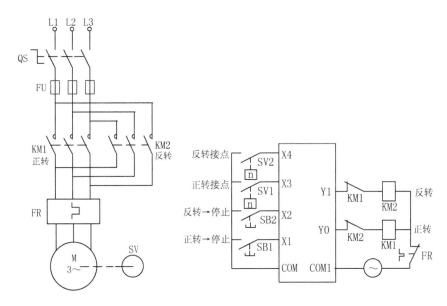

图 97-3 可逆反接制动主电路、PLC 接线图

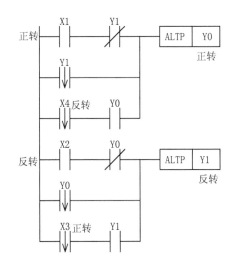

图 97-4 可逆反接制动梯形图

实例 98 三相异步电动机具有反接制动电阻的可逆反接制动控制

三相异步电动机具有反接制动电阻的可逆反接制动电路，要求在停止反接制动时，主电路串入反接制动电阻，以减少反接制动电流。

控制方案设计

1. 输入/输出元件及控制功能

如表 98-1 所示，介绍了实例 98 中用到的输入/输出元件及控制功能。

表 98-1　输入/输出元件及控制功能

	PLC 软元件	元件文字符号	元 件 名 称	控 制 功 能
输入	X0	SB1	停止按钮	停止电动机
	X1	SB2	正转启动按钮	正转启动电动机
	X2	SB3	反转启动按钮	反转启动电动机
	X3	SV	速度继电器正转接点	反接制动
	X4	SV	速度继电器反转接点	反接制动
输出	Y0	KM1	接触器 1	正转，反接制动
	Y1	KM2	接触器 2	反转，反接制动
	Y2	KM3	接触器 3	短接制动电阻

2. 电路设计

三相异步电动机可逆反接制动主电路、PLC 接线图如图 98-1 所示，梯形图如图 98-2 所示。

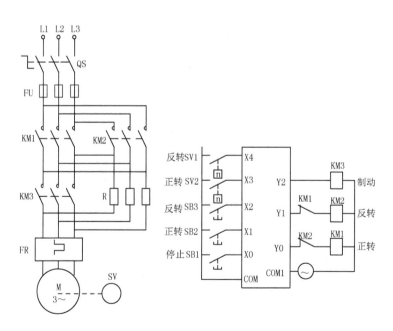

图 98-1　具有反接制动电阻的可逆反接制动控制主电路和 PLC 接线图

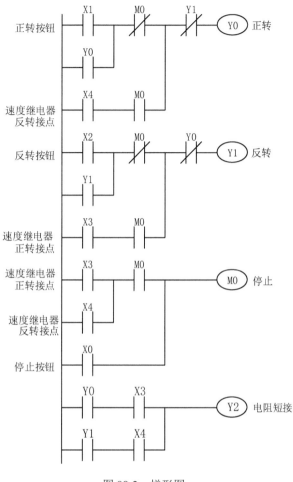

图 98-2　梯形图

3. 控制原理

正转启动时，按下正转按钮 X1，Y0 得电自锁，电动机正转，速度继电器正转接点 X3 动作，Y2 线圈得电，将制动电阻短接，为反接制动做好准备。

停止时，按下停止按钮 X0，M0 得电自锁，M0 常闭接点断开 Y0，正转接触器 KM1 失电。Y2 线圈失电，KM3 线圈失电，KM3 主触点断开，将制动电阻串入主电路。电动机失电后由于惯性作用而继续旋转，速度继电器正转接点 X3 仍接通，M0 常开接点闭合，使 Y1 线圈得电，电动机串入制动电阻反接制动。当电动机转速过零时，速度继电器正转接点 X3 断开。Y1 线圈失电，电动机停止。

启动时，按下反转按钮 X2，Y1 得电自锁，电动机反转。停止时，按下按钮 X0，反接制动与正转类似。

M0 还具有防止电动机误动作的作用。例如，电动机在停电时，如果有人扳动电动机轴，使电动机正转时，速度继电器正转接点 X3 将会动作，但是 M0 常开接点断开，反转线圈 Y1 不会得电。

实例99 三相异步电动机单按钮单向能耗制动

用一个按钮控制一台电动机的启动和能耗制动。启动时按下按钮，电动机启动，再按一下按钮，电动机断开电源，并接入直流电源，电动机进行能耗制动，延时 8s，断开直流电源，电动机停止转动。

控制方案设计

1. 输入/输出元件及控制功能

如表 99-1 所示，介绍了实例 99 中用到的输入/输出元件及控制功能。

表 99-1 输入/输出元件及控制功能

	PLC 软元件	元件文字符号	元 件 名 称	控 制 功 能
输入	X0	SB	启动、停止按钮	启动、停止电动机
输出	Y0	KM1	接触器 1	电动机启动
	Y1	KM2	接触器 2	电动机停止能耗制动

2. 电路设计

三相异步电动机单按钮单向能耗制动主电路、PLC 接线图和梯形图如图 99-1 所示。

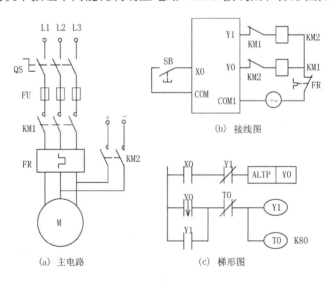

图 99-1 单向能耗制动

3. 控制原理

启动时，按下按钮 X0，执行 ALTP 指令，Y0=1，得电，KM1 得电，电动机启动运行。

停止时，再按下按钮 X0，再执行 ALTP 指令，Y0=0，Y0 失电，Y0 下降沿接点使 Y1 线圈得电自锁，KM2 得电，KM2 主触点闭合，电动机通入直流电源，进行能耗制动。定时器 T0 延时 8s，将 Y1 线圈断开，电动机制动停止。

实例100 三相异步电动机可逆启动能耗制动控制

用两个按钮控制一台电动机的正反转启动和能耗制动。正转启动时按下正转按钮，电动机正转启动，再按一下正转按钮，电动机断开电源，并接入直流电源，电动机进行能耗制动，延时 8s，断开直流电源，电动机停止转动。

反转启动时按下反转按钮，电动机反转启动，再按一下反转按钮，电动机断开电源，并接入直流电源，电动机进行能耗制动，延时 8s，断开直流电源，电动机停止转动。

控制方案设计

1. 输入/输出元件及控制功能

如表 100-1 所示，介绍了实例 100 中用到的输入/输出元件及控制功能。

表 100-1 输入/输出元件及控制功能

	PLC 软元件	元件文字符号	元 件 名 称	控 制 功 能
输入	X0	SB1	正转启动、停止按钮	正转启动、停止电动机
	X1	SB2	反转启动、停止按钮	反转启动、停止电动机
输出	Y0	KM1	接触器 1	电动机正转启动
	Y1	KM2	接触器 2	电动机反转启动
	Y2	KM3	接触器 3	电动机停止能耗制动

2. 电路设计

三相异步电动机两按钮正反转能耗制动主电路、PLC 接线图和梯形图如图 100-1 所示。

3. 控制原理

正转启动时，按下正转按钮 X0，执行 ALTP 指令，Y0=1，Y0 得电，KM1 得电，电动机正转启动运行。

停止时，再按下正转按钮 X0，再执行 ALTP 指令，Y0=0，Y0 失电，Y0 下降沿接点使 Y1 线圈得电自锁，KM2 得电，KM2 主触点闭合，电动机通入直流电源，进行能耗制动。定时器 T0 延时 8s，将 Y1 线圈断开，电动机制动停止。

反转启动时，按下反转动按钮 X1，Y1 得电，电动机反转运行。停止时，再按下反转按钮 X0，工作过程与上述相同。

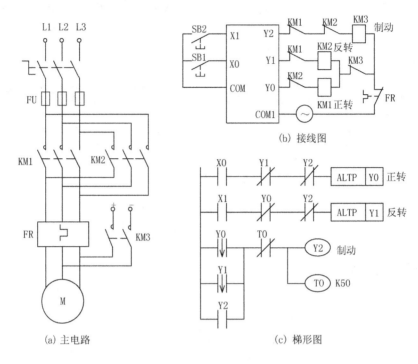

图 100-1　双向能耗制动控制

实例 101　三相异步电动机点动、连动、能耗制动电路

用按钮点动或连动启动控制一台三相异步电动机。停止时电动机进行能耗制动，延时 8s，断开直流电源，电动机停止转动。

控制方案设计

1. 输入/输出元件及控制功能

如表 101-1 所示，介绍了实例 101 中用到的输入/输出元件及控制功能。

表 101-1　输入/输出元件及控制功能

	PLC 软元件	元件文字符号	元 件 名 称	控 制 功 能
输入	X0	FR	热继电器接点	电动机过载保护
		SB1	停止按钮	停止电动机
	X1	SB2	连动按钮	连动启动电动机
	X2	SB3	点动按钮	点动启动电动机
输出	Y0	KM1	接触器 1	电动机正转启动
	Y1	KM2	接触器 2	电动机能耗制动

2．电路设计

三相异步电动机点动、连动、能耗制动电路主电路，PLC 接线图和梯形图如图 101-1 所示。

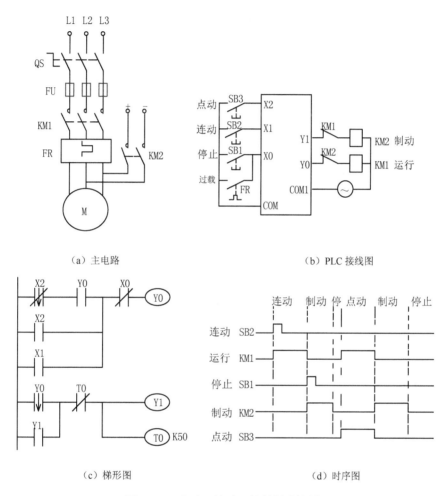

（a）主电路　　　　　　　　　　　　（b）PLC 接线图

（c）梯形图　　　　　　　　　　　　（d）时序图

图 101-1　点动、连动、能耗制动控制

3．控制原理

按下连动按钮 X1，Y0 得电并自锁，接触器 KM1 得电，电动机连续运行。

按下停止按钮 X0，Y0 线圈失电，Y0 下降沿接点接通一个扫描周期，使 Y1 得电自锁。接触器 KM2 得电，KM2 主触点接通直流电源，电动机工作在能耗制动状态，同时定时器 T0 延时 5s 断开 Y1 线圈，制动结束。

按下点动按钮 X2，Y0 得电，Y0 常开接点闭合，当松开点动按钮 X2 时，虽然 Y0 常开接点闭合，X2 下降沿常闭接点断开一个扫描周期，Y0 线圈失电，实现点动控制。

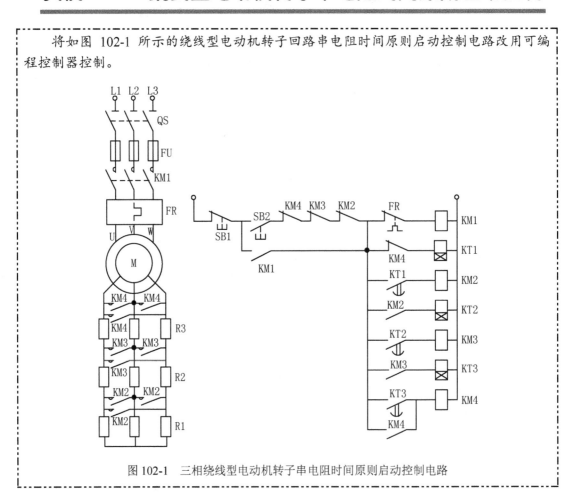

分类十五　绕线型电动机基本控制

实例102　绕线型电动机转子串电阻时间原则启动控制

将如图 102-1 所示的绕线型电动机转子回路串电阻时间原则启动控制电路改用可编程控制器控制。

图 102-1　三相绕线型电动机转子串电阻时间原则启动控制电路

控制方案设计

1. 输入/输出元件及控制功能

如表 102-1 所示，介绍了实例 102 中用到的输入/输出元件及控制功能。

表 102-1　输入/输出元件及控制功能

	PLC 软元件	元件文字符号	元件名称	控制功能
输入	X0	SB1	控制保护电路	启动、停止、保护电动机
输出	Y0	KM1	接触器 1	电动机启动
	Y1	KM2	接触器 2	短接电阻 R1
	Y2	KM3	接触器 3	短接电阻 R2
	Y3	KM4	接触器 4	短接电阻 R3

2. 电路设计

该电路是否能直接转换为 PLC 梯形图呢？

图 102-1 所示的时间原则转子回路串接电阻启动控制电路有两个特点：一是在启动按钮 SB2 回路中串入了 KM2、KM3、KM4 的常闭接点，以防止在启动前接触器 KM2、KM3、KM4 发生熔焊或机械卡阻使主触点处于闭合状态时，造成部分或全部启动电阻被短接而直接启动；二是在启动结束后将时间继电器 KT1～KT3 和 KM2、KM3 的线圈断电，以节省用电。

如果直接把图 102-1 所示的控制电路转换成梯形图，那么 SB2 回路中 KM2、KM3、KM4 的常闭接点变成了软继电器的接点，它不能反映接触器的真实情况，也就是说，这部分接触器是不能用软继电器来代替的。根据这种情况，可以把这部分电路放在 PLC 的输入回路中，如图 102-2 所示。

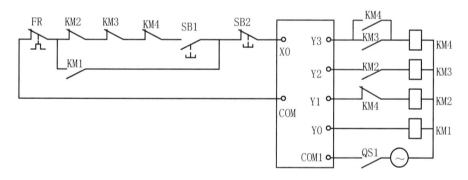

图 102-2　三相绕线型电动机转子回路串电阻时间原则启动控制 PLC 接线图

在梯形图中，定时器不存在消耗大量电能的问题，所以没有必要考虑在启动结束后将定时器的线圈断电；而将 KM2、KM3 线圈断电是有必要的，如图 102-2 和图 102-3 所示。

由此可见，直接把控制电路转换成梯形图往往是不正确的。

3. 控制原理

启动时，合上主电路电源开关 QS 和 PLC 输出电路的电源开关 QS1。

按下启动按钮 SB1，输入继电器 X0=1，梯形图中 X0 接点闭合，Y0 得电，接触器 KM1 得电，PLC 输入电路中的 KM1 接点闭合，形成自锁。主电路中 KM1 主触点闭合，电动机串联全部电阻启动。

227

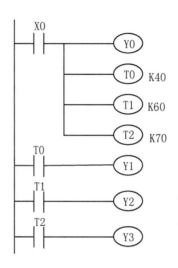

图 102-3　时间原则转子回路串接电阻 PLC 启动梯形图

同时定时器 T0、T1、T2 也得电延时，T0 延时 4s 接通 Y1 线圈，接触器 KM2 得电，短接电阻 R1。

T1 延时 6s 接通 Y2 线圈，接触器 KM3 得电，短接电阻 R2。

T2 延时 7s 接通 Y3 线圈，接触器 KM4 得电，短接电阻 R3。电动机在自然特性曲线上高速运行。

分析 PLC 输出电路可知，只有 KM2 线圈得电，KM3 线圈才能得电。如果 KM2 线圈断线，当 Y1=1 时，KM2 线圈不动作，KM2 常开接点断开，即使 Y2=1，KM3 线圈也不能得电，这样就避免了在 R1 未短接的情况下直接短接 R2。同理，只有 KM3 线圈得电，KM4 线圈才能得电。

当 KM4 线圈得电时，KM4 常开接点闭合自锁，KM4 常闭接点断开将 KM2 线圈断开，KM2 线圈失电后，KM2 常开接点断开 KM3。KM2 和 KM3 线圈在启动结束时已经不起作用，将其断开以减少线圈耗电。

实例 103　绕线型电动机电流原则转子回路串接电阻启动控制

图 103-1（a）所示为绕线型异步电动机电流原则转子回路串接电阻启动控制主电路，它是利用电动机启动转子电流大小的变化来控制电阻切除的。KI1、KI2、KI3 为欠电流继电器，其线圈串接在电动机转子电路中。这 3 个继电器的吸合电流都一样，但释放电流不一样，其中 KI1 的释放电流最大，KI2 次之，KI3 最小。

控制要求：启动时按启动按钮 SB2，接触器 KM1 得电自锁，转子回路串接全部电阻启动，启动电流很大，欠电流继电器 KI1、KI2、KI3 都动作。

当电动机转速升高后电流减小，KI1 首先释放，使接触器 KM2 线圈通电，短接电阻 R1，这时转子电流又重新增加，随着转速升高，电流逐渐下降，使 KI2 释放，接触器

KM3 线圈通电，短接电阻 R2，转速再升高，电流再下降，使 KI3 释放，接触器 KM4 线圈通电，短接电阻 R3，转子全部电阻短接，电动机启动完毕。

控制方案设计

1．输入/输出元件及控制功能

如表 103-1 所示，介绍了实例 103 中用到的输入/输出元件及控制功能。

表 103-1　输入/输出元件及控制功能

	PLC 软元件	元件文字符号	元件名称	控制功能
输入	X0	SB1	控制保护电路	启动、停止、保护电动机
	X1	KI1	欠电流继电器 1	转子电流检测
	X2	KI2	欠电流继电器 2	转子电流检测
	X3	KI3	欠电流继电器 3	转子电流检测
输出	Y0	KM1	接触器 1	电动机启动
	Y1	KM2	接触器 2	短接电阻 R1
	Y2	KM3	接触器 3	短接电阻 R2
	Y3	KM4	接触器 4	短接电阻 R3

2．电路设计

三相绕线型电动机转子回路串电阻电流原则启动控制主电路、PLC 接线图和梯形图，如图 103-1 所示。

3．控制原理

按下启动按钮 SB1，X0 接点闭合，Y0 线圈得电，接触器 KM1 线圈得电，KM1 主触点闭合，电动机串全部电阻启动。KM1 辅助接点闭合，输入端 X0、输出端 Y0、接触器 KM1 互联自锁。

KI1、KI2、KI3 为欠电流继电器，所整定的释放电流不一样。其中 KI1 的释放电流最大，KI2 次之，KI3 最小。电动机启动后，启动电流很大，流经欠电流继电器 KI1、KI2、KI3，其接点同时动作，X1、X2、X3 同时接通，辅助继电器 M0 得电自锁，M0 常开接点闭合，为 Y1～Y3 得电做好准备。随着电动机转速的升高，转子电流下降，欠电流继电器 KI1 首先返回（动作），KI1 常开接点断开，X1 常闭接点闭合，Y1 线圈得电。接触器 KM2 线圈得电，KM2 主触点闭合，短接电阻 R1。

电动机转速进一步升高，转子电流再下降，欠电流继电器 KI2 返回（动作），KI2 常开接点断开，X2 常闭接点闭合，Y2 线圈得电。接触器 KM3 线圈得电，KM3 主触点闭合，短接电阻 R2，Y2 常闭接点断开 Y1 线圈。

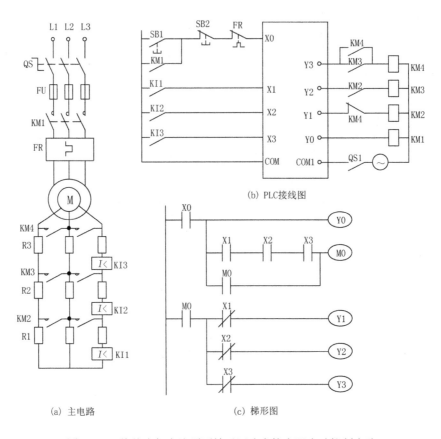

图 103-1　绕线电机电流原则转子回路串接电阻启动控制电路

电动机转速再升高，转子电流又下降，欠电流继电器 KI3 返回（动作），KI3 常开接点断开，X3 常闭接点闭合，Y3 线圈得电。接触器 KM4 线圈得电，KM4 主触点闭合，短接电阻 R3，Y3 常闭接点断开 Y2 线圈。电动机在切除全部电阻的情况下高速运行。

在 PLC 输出电路中，只有 KM2 线圈得电，KM3 线圈才能得电。如果 KM2 线圈断线，当 Y1=1 时，KM2 线圈不动作，KM2 常开接点断开，即使 Y2=1，KM3 线圈也不能得电，这样就避免了在 R1 未短接的情况下直接短接 R2。同理，只有 KM3 线圈得电，KM4 线圈才能得电。

当 KM4 线圈得电时，KM4 常开接点闭合自锁，KM4 常闭接点断开，将 KM2 线圈断开，KM2 线圈失电后，KM2 常开接点断开 KM3。KM2 和 KM3 线圈在启动结束时已经不起作用，将其断开以减少线圈耗电。

实例 104　绕线型电动机串频敏电阻启动控制电路

三相绕线型电动机转子回路串频敏电阻启动控制主电路如图 104-1（a）所示，要求有自动和手动两种工作方式。

在自动工作方式下，按下启动按钮，电动机串频敏变阻器 RF 启动，延时 8s，自动短接频敏变阻器。

在手动工作方式下，按下启动按钮，电动机串频敏变阻器 RF 启动。当电动机启动结束时，再按一次启动按钮，短接频敏变阻器。

控制方案设计

1. 输入/输出元件及控制功能

如表 104-1 所示，介绍了实例 104 中用到的输入/输出元件及控制功能。

表 104-1　输入/输出元件及控制功能

	PLC 软元件	元件文字符号	元 件 名 称	控 制 功 能
输入	X0	SB1	停止按钮	停止电动机
		FR	热继电器	保护电动机
	X1	SB2	启动按钮	启动电动机
	X2	SA	选择开关	手动、自动选择
输出	Y0	KM1	接触器 1	电动机启动
	Y1	KM2	接触器 2	短接电阻 RF

2. 电路设计

三相绕线型电动机转子回路串频敏电阻启动控制 PLC 接线图和梯形图，如图 104-1 （b）、（c）所示。

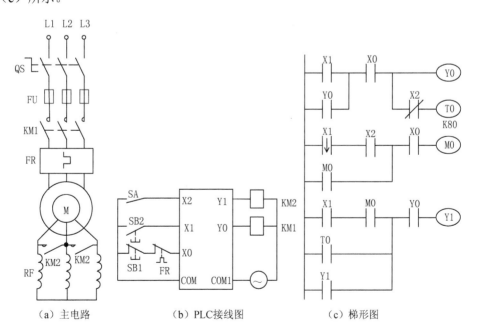

（a）主电路　　　　（b）PLC接线图　　　　（c）梯形图

图 104-1　三相绕线型电动机转子回路串频敏电阻启动控制

3. 控制原理

自动工作方式：SA=0，按下启动按钮 SB2，X1 接点闭合，Y0 线圈得电自锁，接触器 KM1 线圈得电，KM1 主触点闭合，电动机串频敏变阻器 RF 启动。同时定时器 T0 延时 8s，T0 接点闭合，Y1 线圈得电，短接频敏变阻器。

手动工作方式：SA=1，按下启动按钮 SB2，X1 接点闭合，Y0 线圈得电自锁，接触器 KM1 线圈得电，KM1 主触点闭合，电动机串频敏变阻器 RF 启动。由于选择开关 SA 闭合，X2 常闭接点断开，定时器 T0 不得电，X2 常开接点闭合，当松开启动按钮 X1 时，X1 下降沿接点闭合一个扫描周期，M0 线圈得电自锁，M0 常开接点闭合。

当电动机启动结束时，再按一次启动按钮 SB1，X1 接点闭合，Y1 线圈得电自锁，接触器 KM2 线圈得电，KM2 主触点闭合，短接频敏变阻器。

分类十六　直流电动机基本控制

实例105　并励（或他励）电动机电枢串电阻启动调速

用选择开关控制一台并励（或他励）直流电动机的启动、调速和停止。电枢串电阻启动调速主电路如图 105-1 所示。

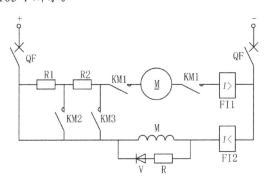

图 105-1　并励（或他励）电动机电枢串电阻启动调速控制电路

控制要求如下：

启动前，选择开关应先打到停止位置，以确保电阻 R1、R2 串入电枢电路，将选择开关打到低速位，电枢串电阻 R1、R2 低速启动；将选择开关打到中速位，短接电阻 R1、电枢串联 R2 中速启动；将选择开关打到高速位，短接电阻 R1、R2，高速启动。

如果将选择开关直接打到高速位，电动机应先低速，延时 8s 转为中速，再延时 4s 转为高速。

电动机应设有过电流保护和失磁保护以及短路保护。

控制方案设计

1. 输入/输出元件及控制功能

如表 105-1 所示，介绍了实例 105 中用到的输入/输出元件及控制功能。

表 105-1　输入/输出元件及控制功能

	PLC 软元件	元件文字符号	元 件 名 称	控 制 功 能
输入	X0	SV	选择开关（停止位）	停止电动机
	X1	SV	选择开关（低速位）	电动机低速运行

续表

	PLC 软元件	元件文字符号	元件名称	控制功能
输入	X2	SV	选择开关（中速位）	电动机中速运行
	X3	SV	选择开关（高速位）	电动机高速运行
	X4	FI1	过电流继电器	过电流保护
		FI2	欠电流继电器	失磁保护
输出	Y0	KM1	接触器 1	电动机启动
	Y1	KM2	接触器 2	短接电阻 R1
	Y2	KM3	接触器 3	短接电阻 R2

2．电路设计

并励（或他励）电动机 PLC 接线图和梯形图如图 105-2 所示。

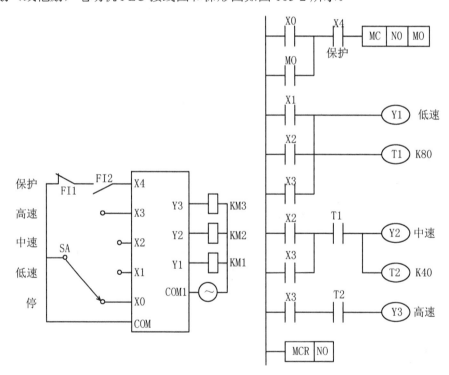

图 105-2　并励（或他励）电动机电枢串电阻启动调速 PLC 接线图和梯形图

3．控制原理

首先合上直流断路器 QF，电动机励磁绕组得电，欠电流继电器 FI2 动作，其常开接点闭合，X4 常开接点闭合，将选择开关 SA 扳到停止位置，X0 接点闭合，执行 MC 主控指令，M0 得电自锁，MC～MCR 之间的程序被接通。

当选择开关 SA 打到低速位置，X1 接通，Y1 得电，KM1 得电，KM1 主接点闭合，直流电动机电枢绕组串全部电阻低速启动，同时定时器 T0 得电延时。

如果将 SA 打到中速位置，X2 接通，Y1 仍得电，如果定时器 T0 延时未到 8s，则到 8s 时 Y2 得电。如果定时器 T0 延时已到 8s，Y2 立即得电，KM2 主接点闭合，短接一段电阻 R1，直流电动机电枢绕组串 R2 电阻中速运行。

如果再将 SA 打到高速位置，X3 接通，Y1、Y2 仍得电，如果定时器 T1 延时未到 4s，则到 4s 时 Y3 得电。如果定时器 T1 延时已到 4s，Y3 立即得电，KM3 主接点闭合，再短接一段电阻 R2，直流电动机电枢绕组高速运行。

如果直接将 SA 打到高速位置，X3 接通，则 Y1 先得电，电动机低速启动，T0 延时 8s，Y2 得电，电动机中速运行，T1 延时 4s，Y3 得电，电动机高速运行。

如果电动机在运行时突然停电，选择开关 SA 不在停止位置，停电后，M0 失电，再来电时，主控指令 MC N0 M0 断开，输出继电器 Y1～Y3 不能得电，防止了电动机自启动的现象。此时，必须把选择开关 SA 打到停止位置，接通主控指令 MC N0 M0 后，才能启动电动机。

如果励磁绕组断线，欠电流继电器失电，FI2 接点断开，X4 常开接点断开，主控指令 MC N0 M0 断开，输出继电器 Y1～Y3 失电，电动机停止。如果电动机过载，电枢电流增大，过电流继电器 FI 动作，FI1 接点断开，X4 常开接点断开，电动机停止。如果电路短路，直流断路器 QF 跳闸，断开直流电源。

实例 106 直流电动机改变励磁电流调速控制

直流电动机改变励磁电流调速控制电路如图 106-1 所示。启动时电枢回路中串入启动电阻 R，以限制启动电流，启动过程结束后，由接触器 KM2 短接。同时该电阻还兼作制动时的限流电阻。电动机的并励绕组串入调速电阻 R3，调节 R3 即可对电动机实现调速。电阻 R2 用于励磁绕组短路时吸收磁能保护电路。

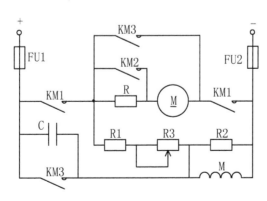

图 106-1 改变励磁电流调速控制电路

控制方案设计 1

1. 输入/输出元件及控制功能

如表 106-1 所示，介绍了实例 106 中采用控制方案设计 1 用到的输入/输出元件及控制功能。

表 106-1　输入/输出元件及控制功能

	PLC 软元件	元件文字符号	元 件 名 称	控 制 功 能
输入	X0	SB1	启动按钮	启动电动机
	X1	SB2	停止按钮	停止制动电动机
输出	Y0	KM1	接触器 1	电动机启动
	Y1	KM2	接触器 2	短接启动电阻 R
	Y2	KM3	接触器 3	接通制动电阻 R

2. 电路设计

并励或他励电动机 PLC 接线图和梯形图如图 106-2 所示。

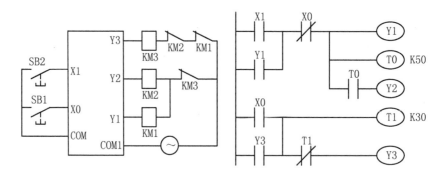

图 106-2　改变励磁电流调速 PLC 接线图和梯形图 1

3. 控制原理

启动时，按下启动按钮 SB2，X1 接点闭合，Y1 线圈得电自锁，KM1 得电，电动机 M 串电阻 R 启动，定时器 T0 经过 5s 的延时后，T0 常开触头闭合，Y2 线圈得电，使 KM2 得电，短接启动电阻 R，启动过程结束。

在正常运行状态下，调节电阻 R3 改变其励磁电流的大小，从而改变磁通，即可改变电动机的转速。

按下停止按钮 SB1，X0 常闭接点断开 Y1、Y2 线圈，接触器 KM1 和 KM2 断电，切断电动机电枢回路电源。X0 常开接点闭合，Y3 线圈和定时器 T1 线圈得电自锁，KM3 得电，其主触头闭合，通过 R 使能耗制动回路接通，同时通过 KM3 的另一常开触头短接电容 C，使电源电压全部加于励磁绕组以实现制动过程中的强励磁作用，加强制动效果。定时器 T1 延时 3s 断开 Y3 线圈，制动结束。

控制方案设计 2

　　如图 106-3 所示，控制方案采用双按钮、单输入点控制，控制原理请读者自行分析。

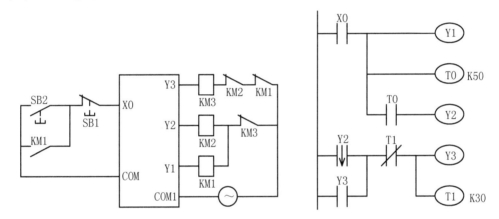

图 106-3　改变励磁电流调速 PLC 接线图和梯形图 2

控制方案设计 3

　　如图 106-4 所示，控制方案采用单按钮、单输入点控制，控制原理请读者自行分析。

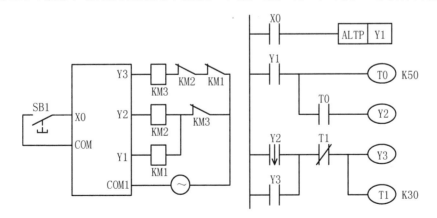

图 106-4　改变励磁电流调速 PLC 接线图和梯形图 3

实例107　小型直流电动机改变励磁电压极性正反转控制

小型直流电动机改变励磁电压极性正反转控制电路如图 107-1 所示，采用直接启动，启动时应先接通励磁绕组，在励磁电流正常的情况下接通电枢绕组。停止时应先停止电枢绕组，延时 5s 再断开励磁绕组。反转启动时，应先停止后再反转启动。

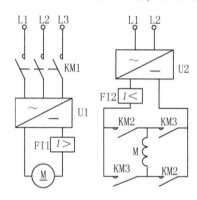

图 107-1　小型直流电动机改变励磁电压极性正反转控制电路

控制方案设计

1. 输入/输出元件及控制功能

如表 107-1 所示，介绍了实例 107 中用到的输入/输出元件及控制功能。

表 107-1　输入/输出元件及控制功能

	PLC 软元件	元件文字符号	元件 名称	控 制 功 能
输入	X0	SB1	停止按钮	停止电动机
	X1	SB2	正转按钮	电动机正转
	X2	SB3	反转按钮	电动机反转
	X3	FI1	过电流继电器	过电流保护
		FI2	欠电流继电器	失磁保护
输出	Y0	KM1	接触器 1	电动机电枢启动
	Y1	KM2	接触器 2	电动机励磁绕组正接
	Y2	KM3	接触器 3	电动机励磁绕组反接

2. 电路设计

小型直流电动机改变励磁电压极性正反转控制 PLC 接线图和梯形图如图 107-2 所示。

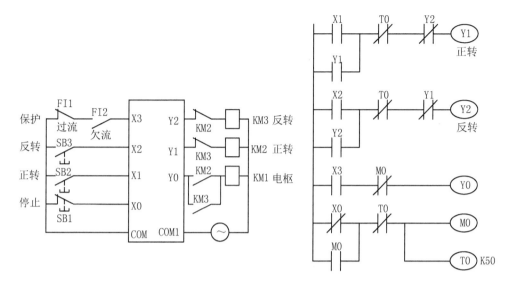

图 107-2　小型直流电动机改变励磁电压极性正反转控制 PLC 接线图和梯形图

3．控制原理

按下正转按钮 X1，Y1 线圈得电自锁，KM2 得电，接通电动机励磁绕组，欠电流继电器 FI2 通电动作，其接点闭合，X3 接点闭合，Y0 得电，KM1 得电，接通三相电源，经整流器 U1 整流，电枢绕组获得直流电，电动机正转启动。

由图 107-2 可知，只有 KM2 或 KM3 得电，励磁绕组有电流流过时，欠电流继电器 FI2 动作后，电枢绕组才能得电，以防止电动机失磁。

停止时，按下停止常闭按钮 SB1，X0 失电，X0 常闭接点接通，M0 线圈得电自锁。M0 常闭接点断开 Y0，电枢绕组失电，由于惯性，电动机继续转动，电枢绕组在磁场的作用下，产生制动力迅速下降。同时定时器 T0 延时 5s 断开 Y1 和 M0 线圈。电动机停止转动，励磁绕组断电。

在电动机工作中，如果励磁绕组断线，电动机失磁，则欠电流继电器 FI2 失电，FI2 常开接点断开，X3 输入端断开，Y0 失电，接触器 KM1 断开电枢绕组。如果电动机过载，电枢绕组中的电流过大，则过电流继电器 FI1 动作，FI1 常闭接点断开，X3 输入端断开，断开电枢绕组。

在电动机正转时，按反转按钮无效，只有按下停止按钮，电动机在制动 5s 停止后才能反转启动。

实例 108　直流电动机正反转、调速及能耗制动控制

利用改变电枢电压极性进行直流电动机正反转控制，其控制电路如图 108-1 所示。电路中电阻 R1 和 R2 用于限流启动，同时兼作调速用。

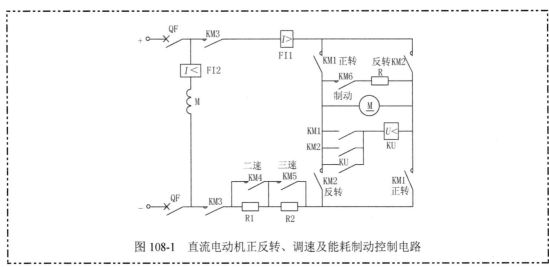

图 108-1　直流电动机正反转、调速及能耗制动控制电路

控制方案设计

1. 输入/输出元件及控制功能

如表 108-1 所示，介绍了实例 108 中用到的输入/输出元件及控制功能。

表 108-1　输入/输出元件及控制功能

	PLC 软元件	元件文字符号	元 件 名 称	控 制 功 能
输入	X1	SB2	正转按钮	电动机正转、调速及停止
	X2	SB3	反转按钮	电动机反转、调速及停止
	X3	FI1	过电流继电器	过电流保护
		FI2	欠电流继电器	失磁保护
	X4	KU	欠电压继电器	能耗制动（转速检测）
输出	Y0	KM1	接触器 1	电动机电枢绕组正接
	Y1	KM2	接触器 2	电动机电枢绕组反接
	Y2	KM3	接触器 3	电动机电枢绕组电源
	Y3	KM4	接触器 4	二速（短接 R1）
	Y4	KM5	接触器 5	三速（短接 R2）
	Y5	KM6	接触器 6	能耗制动（连接 R）

2. 电路设计

电动机有 7 种状态：停止、正转一速、正转二速、正转三速、反转一速、反转二速、反转三速。将三速、二速、反转、正转分别用 M0、M1、M2 和 M3 表示，电动机的 7 种状态可用 7 位十六进制数表示，如表 108-2 所示。例如，正转一速时可表示为 K1M0=1000（H8）。

表 108-2 正反转数据

转 速		正 转			停 止	反 转			停 止
		高速	中速	低速		低速	中速	高速	
数据（H）		B	A	8	0	4	6	7	0
高速	M0	1	0	0	0	0	0	1	0
中速	M1	1	1	0	0	0	1	1	0
反转	M2	0	0	0	0	1	1	1	0
正转	M3	1	1	1	0	0	0	0	0

　　直流电动机正反转能耗制动控制电路 PLC 接线图如图 108-2 所示，梯形图如图 108-3 所示。利用两个按钮控制电动机正反转，调速和停止。

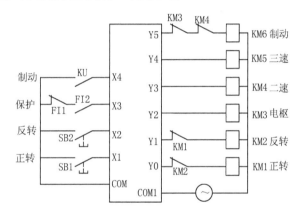

图 108-2　直流电动机正反转、调速及能耗制动控制电路 PLC 接线图

3．控制原理

　　电动机启动前，合上电源断路器 QF，励磁绕组得电，欠电流继电器 FI2 动作，FI2 常开接点闭合，X3=1，执行 MC N0 M4 指令，MC～MCR 之间的梯形图被接通。

　　PLC 运行时，将 7 位十六进制数再加一位 0，补足 8 位十六进制数 H4670BA80 传送到 32 位数据寄存器 D0、D1 中，初始状态 D0、D1=0。

　　按下正转按钮 SB1，X1=1，执行一次循环右移指令 DRORP D0 K4，右移 4 位，相当于右移 1 位十六进制数，这时 D0 的低 4 位为十六进制数 H8，将 D0 的低 4 位传送到 K1M0 中，K1M0=1000（H8），即 M3=1，Y0 线圈得电，接触器 KM1 得电，KM1 主接点闭合，Y2 线圈得电，接触器 KM3 得电，KM3 主接点闭合，电枢绕组串 R1、R2 低速启动运行。KM1 接点闭合，使欠电压继电器 KU 得电自锁，KU 接点闭合，X4=1，梯形图中常开接点 X4 闭合，为能耗制动做好准备。

　　再按一次正转按钮 SB1，X1=1，再执行一次循环右移指令 DRORP D0 K4，右移 4 位，这时，D0 的低 4 位为十六进制数 HA，K1M0=1010，M3=1，M1=1，Y0 和定时器 T0 线圈得电，延时 4s 接通 Y3 线圈，接触器 KM4 得电，KM4 主接点闭合，短接电阻 R1，中速启动运行。

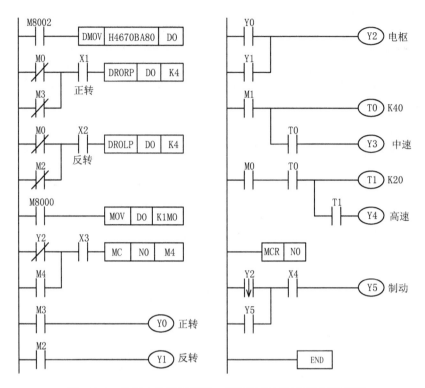

图 108-3　直流电动机正反转、调速及能耗制动控制梯形图

第三次按正转按钮 SB1 再右移 4 位，这时，D0 的低 4 位为十六进制数 HB，K1M0=1011，即 M3=1，M1=1，M0=1，定时器 T1 线圈得电，延时 2s 接通 Y4 线圈，接触器 KM5 得电，KM5 主接点闭合，短接电阻 R2，高速启动运行。

如果连按三次正转按钮 SB1，则 K1M0=1011，即 M3=1，M1=1，M0=1，M3 接通 Y0 线圈，Y0 接点接通 Y2，KM1 和 KM3 得电，电枢绕组串联电阻 R1、R2 低速启动运行。M1 接通定时器 T0 线圈，延时 4s 接通 Y4 线圈，接触器 KM4 得电，KM4 主接点闭合，短接电阻 R1，中速启动运行。M0 和 T0 接点接通定时器 T1 线圈，再延时 2s 接通 Y5 线圈，接触器 KM5 得电，KM5 主接点闭合，短接电阻 R2，高速启动运行。

如果要减速，可按反转按钮 SB2，X2=1，执行一次循环左移指令 DROLP D0 K4，左移 4 位，电动机减速。若连续按反转按钮，电动机转速从三速→二速→一速→停止，停止时，K1M0=0000，Y2 失电，Y2 下降沿接点使 Y5 得电自锁，电枢绕组失去电源，由于惯性，电动机轴继续转动，两端仍有较高的电压，欠电压继电器 KU 线圈仍吸合，X4 接点仍闭合，Y2 下降沿接点使 Y5 得电自锁，KM6 得电，KM6 常开接点闭合，电枢绕组并接制动电阻 R 进行能耗制动，电机转速迅速下降，电枢绕组两端的电压迅速下降，当电压下降到欠电压继电器 KU 线圈的释放电压时，KU 线圈释放，X4 常开接点断开，Y5 失电，KM6 失电，KM6 接点断开，制动结束。

运行时，如果过电流继电器 FI1 或欠电流继电器 FI2 动作，则 X3=0，梯形图中 X3 常开接点断开，MC～MCR 之间的电路被断开，电枢绕组失电，Y5 得电进行制动。

附录A 三菱FX₂N型PLC软元件表

软 元 件	类 型	编 码 范 围	点 数	
输入继电器（X）		X0～X267	184 点	合计 256 点
输出继电器（Y）		Y0～Y267	184 点	
辅助继电器（M）	一般	M0～M499	500 点	
	锁定	M500～M3071	2572 点	
	特殊	M8000～M8255	256 点	
状态继电器（S）	初始	S0～S9	10 点	
	回原位	S10～S19	10 点	
	一般	S20～S499	480 点	
	锁定	S500～S899	400 点	
	信号报警器	S900～S999	100 点	
定时器（T）	100ms	T0～T199	0.1s～3276.7s	200 点
	10ms	T200～T245	0.01s～327.67s	46 点
	1ms 保持型	T246～T249	0.001s～32.767s	4 点
	100ms 保持型	T250～T255	0.1s～3276.7s	6 点
计数器（C）	一般 （16 位）	C0～C99 加计数器	0s～32767	200 点
	锁定 （16 位）	C100～C199 加计数器	100 点（子系统）	
	一般 （32 位）	C200～C219 加/减计数器	35 点	
	锁定 （32 位）	C220～C234 加/减计数器	15 点	计数范围：
高速计数器（C）	单相 （32 位）	C235～C245	11 点	−2147483648～
	双相 （32 位）	C246～C250	5 点	+2147483647
	A/B 相 （32 位）	C251～C255	5 点	
数据寄存器（D）（使用两个可组成一个 32 位数据寄存器）	一般（16 位）	D0～D199	200 点	
	锁定（16 位）	D200～D7999	7800 点	
	文件寄存器（16 位）	D1000～D7999	7000 点	
	特殊（16 位）	从 D8000～D8255	256 点	
	变址（16 位）	V0～V7 以及 Z0～Z7	16 点	
分支指针（P）	用于 CALL 和 CJ	P0～P127	128 点	
中断指针（I）	输入中断	I00□～I50□	6 点 （□=0～5）	
	定时器中断	I6□□～I8□□	3 点 （□□=10～99ms）	
	计数器中断	I0□0～I5□0	6 点 （□=1～6）	
嵌套层次（N）	用于 MC 和 MRC	N0～N7	8 点	
常数	十进制	16 位：−32768～32767 32 位：−2147483648～2147483647		
	十六进制	16 位：0～FFFF 32 位：0～FFFFFFFF		

附录B 三菱FX₂ₙ型PLC基本命令

指　令	功　　能	步数	梯形图符号	指　令	功　　能	步数	梯形图符号
LD	起始连接 常开接点	1	┤├	MPS	回路向下 分支导线	1	┬
LDI	起始连接 常闭接点	1	┤/├	MRD	中间回路 分支导线	1	├
LDP	起始连接 上升沿接点	2	┤↑├	MPP	末回路 分支导线	1	└
LDF	起始连接 下降沿接点	2	┤↓├	INV	接点取反	1	╱
OR	并联常开接点	1		OUT	普通线圈	1～5	─(Y000)
ORI	并联常闭接点	1		SET	置位线圈	1～2	─[SET M3]
ORP	并联上升沿接点	2		RST	复位线圈	1～3	─[RST M3]
ORF	并联下降沿接点	2		PLS	上升沿线圈	2	─[PLS M2]
AND	串联常开接点	1		PLF	下降沿线圈	2	─[PLF M3]
ANI	串联常闭接点	1		MC	主控线圈	3	─[MC N0 M2]
ANDP	串联上升沿接点	2		MCR	主控复位线圈	2	─[MCR N0]
ANDF	串联下降沿接点	2		NOP	空操作	1	
ANB	串联导线	1	────	END	程序 结束	1	─[END]
ORB	并联导线	1	│				

注：OUT、SET：Y、M为1步，M1536以上为2步；S、特M为2步；T、C为3步，32位T、C为5步；RST：Y、M为1步，M1536以上为2步；S、特M、T、C为2步；D、V、Z为3步。

附录C 三菱FX₂N型PLC功能指令

分类	功能号	助记符	指令格式					程序步	指令功能
程序流程	FNC00	CJ（P）	Pn					3步	条件跳转
	FNC01	CALL（P）	Pn					3步	子程序调用
	FNC02	SRET						1步	子程序返回
	FNC03	IRET						1步	中断返回
	*FNC04	EI						1步	中断许可
	*FNC05	DI（P）						1步	中断禁止
	FNC06	FEND						1步	主程序结束
	*FNC07	WDT（P）						1步	监控定时器
	FNC08	FOR						3步	循环范围开始
	FNC09	NEXT	n					1步	循环范围结束
传送与比较	FNC010	(D) CMP（P）	(S1.)	(S2.)				7/13步	比较
	FNC011	(D) ZCP（P）	(S1.)	(S2.)	(D.)			9/17步	区间比较
	FNC012	(D) MOV（P）	(S.)	(D.)	(S.)			5/9步	传送
	FNC013	SMOV（P）	(S.)	M1				11步	移位传送
	FNC014	(D) CML（P）	(S.)	(D.)	m2	(D.)		5/9步	取反传送
	FNC015	BMOV（P）	(S.)	(D.)				7步	成批传送
	FNC016	(D) FMOV（P）	(S.)	(D.)	n	(D.)	n	7/13步	多点传送
	FNC017	(D) XCH（P）◣	(D1.)	(D2.)	n			5/9步	数据交换
	FNC018	(D) BCD（P）	(S.)	(D.)				5/9步	BIN 转为 BCD
	FNC019	(D) BIN（P）	(S.)	(D.)				5/9步	BCD 转为 BIN
四则逻辑运算	FNC020	(D) ADD（P）	(S1.)	(S2.)	(D.)			7/13步	BIN 加法
	FNC021	(D) SUB（P）	(S1.)	(S2.)	(D.)			7/13步	BIN 减法
	FNC022	(D) MUL（P）	(S1.)	(S2.)	(D.)			7/13步	BIN 乘法
	FNC023	(D) DIV（P）	(S1.)	(S2.)	(D.)			3/5步	BIN 除法
	FNC024	(D) INC（P）◣	(D.)					3/5步	BIN 加1
	FNC025	(D) DEC（P）◣	(D.)					7/13步	BIN 减1
	FNC026	(D) WAND（P）	(S1.)	(S2.)	(D.)			7/13步	逻辑字与
	FNC027	(D) WOR（P）	(S1.)	(S2.)	(D.)			7/13步	逻辑字或
	FNC028	(D) WXOR（P）	(S1.)	(S2.)	(D.)			7/13步	逻辑字异或
	FNC029	(D) NEG（P）◣	(D.)					3/5步	求补码

分类	功能号	助记符	指令格式				程序步	指令功能
循环移位	FNC030	(D) ROR (P) ◣	(D.)	n			5/9 步	循环右移
	FNC031	(D) ROL (P) ◣	(D.)	n			5/9 步	循环左移
	FNC032	(D) RCR (P) ◣	(D.)	n			5/9 步	带进位右移
	FNC033	(D) RCL (P) ◣	(D.)	n			5/9 步	带进位左移
	FNC034	SFTR (P) ◣	(S.)	(D.)	n1		9 步	位右移
	FNC035	SFTL (P) ◣	(S.)	(D.)	n1	n2	9 步	位左移
	FNC036	WSFR (P) ◣	(S.)	(D.)	n1	n2	9 步	位右移
	FNC037	WSFL (P) ◣	(S.)	(D.)	n1	n2	9 步	字左移
	FNC038	SFWR (P) ◣	(S.)	(D.)	n	n2	7 步	移位写入
	FNC039	SFRD (P) ◣	(S.)	(D.)	n		7 步	移位读出
数据处理	FNC040	ZRST (P)	(D1.)	(D2.)			5/9 步	全部复位
	FNC041	DECO (P)	(S.)	(D.)			5/9 步	译码
	FNC042	ENCO (P)	(S.)	(D.)			5/9 步	编码
	FNC043	(D) SUM (P)	(S.)	(D.)	n		5/9 步	1 的个数
	FNC044	(D) BON (P)	(S.)	(D.)	n		9 步	置 1 位的判断
	FNC045	(D) MEAN (P)	(S.)	(D.)			9 步	平均值
	FNC046	ANS	(S.)	m	n		9 步	报警器置位
	FNC047	ANR (P)			n		1 步	报警器复位
	FNC048	(D) SQR (P) ◣	(S.)	(D.)	(D.)		5/9 步	BIN 数据开方
	FNC049	(D) FLT (P)	(S.)	(D.)			5/9 步	BIN 转为二进制浮点数
高速处理	*FNC050	REF (P)	(D)	n			5 步	输入/输出刷新
	*FNC051	REFF (P)	n				3 步	滤波调整
	*FNC052	MTR	(S)	(D1.)	(D2.)	n	9 步	矩阵输入
	*FNC053	D HSCS	(S1.)	(S2.)	(D.)		13 步	比较置位（高速计数器）
	*FNC054	D HSCR	(S1.)	(S2.)	(D.)		13 步	比较复位（高速计数器）
	*FNC055	D HSZ	(S1.)	(S2.)	(S.)	(D.)	17 步	区间比较（高速计数器）
	*FNC056	SPD	(S1.)	(S2.)	(D.)		7 步	脉冲密度
	*FNC057	(D) PLSY	(S1.)	(S2.)	(D.)		7/13 步	脉冲输出
	*FNC058	PWM	(S1.)	(S2.)	(D)		7 步	脉宽调制
	*FNC059	(D) PLSR	(S1.)	(S2.)	(S3.)	(D)	9/17 步	可调速脉冲输出
方便指令	FNC060	IST	(S.)	(D1.)	(D2.)		7 步	状态初始化
	FNC061	(D) SES (P)	(S1.)	(S2.)	(D.)	n	9/17 步	数据查找
	FNC062	(D) ABSD	(S1.)	(S2.)	(D.)	n	9/17 步	凸轮控制（绝对方式）
	FNC063	INCD	(S1.)	(S2)	(D.)	n	9 步	凸轮控制（增量方式）
	FNC064	TTMR	(D.)	n			5 步	示教定时器
	FNC065	STMR	(S.)	m	(D.)		7 步	特殊定时器
	FNC066	ALT (P) ◣	(D.)				3 步	交替输出
	FNC067	RAMP	(S1.)	(S2.)	(D.)	n	9 步	斜波信号
	*FNC068	ROTC	(S.)	m1	m2	(D.)	9 步	旋转工作台控制
	FNC069	SORT	(S)	m1	m2	(D)	n	11 步	数据排序

续表

分类	功能号	助记符	指令格式				程序步	指令功能
外部设备 I/O	*FNC070	(D) TKY	(S.)	(D1.)	(D2.)		7/13 步	十字键输入
	*FNC071	(D) HKY	(S.)	(D1.)	(D2.)	(D3.)	9/17 步	十六键输入
	*FNC072	DSW	(S.)	(D1.)	(D2.)	n	9 步	数字开关
	*FNC073	SEGD (P)	(S.)	(D.)			5 步	七段码译码
	*FNC074	SEGL	(S.)	(D.)	n		7 步	带锁存七段码译码
	*FNC075	ARWS	(S.)	(S1.)	(S2.)	n	9 步	方向开关
	*FNC076	ASC	(S)	(D.)			11 步	ASCⅡ码转换
	*FNC077	PR	(S.)	(D.)			5 步	ASCⅡ码打印
	FNC078	(D) FROM (P)	m1	m2	(D.)	n	9/17 步	BFM 读出
	FNC079	(D) TO (P)	m1	m2	(S.)	n	9/17 步	BFM 写入
外部设备 SER	*FNC080	RS	(S.)	m	(D.)	n	9 步	串行数据传送
	*FNC081	(D) PRUN (P)	(S.)	(D.)			5/9 步	八进制位传送
	FNC082	ASCI (P)	(S.)	(D.)	n		7 步	十六进制转为 ASCII 码
	FNC083	HEX (P)	(S.)	(D.)	n		7 步	ASCII 码转为十六进制
	*FNC084	CCD (P)	(S.)	(D.)	n		7 步	校验码
	*FNC085	VRRD (P)	(S.)	(D.)			5 步	电位器值读出
	*FNC086	VRSC (P)	(S.)	(D.)			5 步	电位器值刻度
	*FNC088	PID	(S1)	(S2.)	(S3)	(D)	9 步	PID 运算
浮点数	FNC110	D ECMP (P)	(S1.)	(S2.)			13 步	二进制浮点比较
	FNC111	D EZCP (P)	(S1.)	(S2.)			17 步	二进制浮点区域比较
	FNC118	D EBCD (P)	(S.)	(D.)			9 步	二转十进制浮点数
	FNC119	D EBIN (P)	(S.)	(D.)	(D.)		9 步	十转二进制浮点数
	FNC120	D EADD (P)	(S1.)	(S2.)	(S.)		13 步	二进制浮点数加法
	FNC121	D ESUB (P)	(S1.)	(S2.)			13 步	二进制浮点数减法
	FNC122	D EMUL (P)	(S1.)	(S2.)	(D.)	(D.)	13 步	二进制浮点数乘法
	FNC123	D EDIV (P)	(S1.)	(S2.)			13 步	二进制浮点数除法
	FNC127	D ESQR (P)	(S.)	(D.)	(D.)		9 步	二进制浮点数开方
	FNC129	(D) INT (P)	(S.)	(D.)	(D.)		5/9 步	二进制浮点数转整数
	FNC130	D SIN (P)	(S.)	(D.)			9 步	浮点数 sin 运算
	FNC131	D COS (P)	(S.)	(D.)			9 步	浮点数 cos 运算
	FNC132	D TAN (P)	(S.)	(D.)			9 步	浮点数 tan 运算
	FNC147	(D) SWAP (P)	(S.)				3/5 步	上下字节变换
时钟运算	FNC160	TCMP (P)	(S1.)				11 步	时钟数据比较
	FNC161	TZCP (P)	(S1.)	(S2.)	(S3.)		9 步	时钟数据区间比较
	FNC162	TADD (P)	(S1.)	(S2.)	(S3.)	(S.)	7 步	时钟数据加法
	FNC163	TSUB (P)	(S1.)	(S2.)	(D.)	(D.) (D.)	7 步	时钟数据减法
	FNC166	TRD (P)	(D.)	(S2.)	(D.)		3 步	时钟数据读出
	*FNC167	TWR (P)	(S.)				3 步	时钟数据写入

分类	功能号	助 记 符	指 令 格 式				程序步	指 令 功 能	
	FN170	(D) GRY (P)	(S.)	(D.)			5 步	格雷码变换	
	FN171	(D) GBIN (P)	(S.)	(D.)			5 步	格雷码逆变换	
触点比较	FNC224	LD (D) =	(S1.)	(S2.)			5/9 步		(S1.) = (S2.)
	FNC225	LD (D) >	(S1.)	(S2.)			5/9 步	初	(S1.) > (S2.)
	FNC226	LD (D) <	(S1.)	(S2.)			5/9 步	始	(S1.) < (S2.)
	FNC228	LD (D) <>	(S1.)	(S2.)			5/9 步	接	(S1.) <> (S2.)
	FNC229	LD (D) ≤	(S1.)	(S2.)			5/9 步	点	(S1.) ≤ (S2.)
	FNC230	LD (D) ≥	(S1.)	(S2.)			5/9 步		(S1.) ≥ (S2.)
	FNC232	AND (D) =	(S1.)	(S2.)			5/9 步		(S1.) = (S2.)
	FNC233	AND (D) >	(S1.)	(S2.)			5/9 步	串	(S1.) > (S2.)
	FNC234	AND (D) <	(S1.)	(S2.)			5/9 步	联	(S1.) < (S2.)
	FNC236	AND (D) <>	(S1.)	(S2.)			5/9 步	接	(S1.) <> (S2.)
	FNC237	AND (D) ≤	(S1.)	(S2.)			5/9 步	点	(S1.) ≤ (S2.)
	FNC238	AND (D) ≥	(S1.)	(S2.)			5/9 步		(S1.) ≥ (S2.)
	FNC240	OR (D) =	(S1.)	(S2.)			5/9 步		(S1.) = (S2.)
	FNC241	OR (D) >	(S1.)	(S2.)			5/9 步	并	(S1.) > (S2.)
	FNC242	OR (D) <	(S1.)	(S2.)			5/9 步	联	(S1.) < (S2.)
	FNC244	OR (D) <>	(S1.)	(S2.)			5/9 步	接	(S1.) <> (S2.)
	FNC245	OR (D) ≤	(S1.)	(S2.)			5/9 步	点	(S1.) ≤ (S2.)
	FNC246	OR (D) ≥	(S1.)	(S2.)			5/9 步		(S1.) ≥ (S2.)

注：功能号前有*的指令为仿真软件不支持的指令。

助记符后面有◥的指令在大多数情况下受扫描周期的影响，一般要加 P。

附录D 三菱FX₂ₙ型可编程控制器特殊软元件

PLC 状态

地址号·名称	特殊辅助继电器（M）的功能	地址号·名称	特殊辅助寄存器（D）的功能
☆M8000 运行监控 a 接点		D8000 监视定时器	初始值为 200ms（1ms 为单位）（当电源 ON 时，由系统 ROM 传送） 利用程序进行更改必须在 END、WDT 指令执行后方才有效
☆M8001 运行监控 b 接点		☆D8001 PLC 类型和系统版本号	2 4 1 0 0　①PLC的型号 ① ②　②版本号V1.00版本
☆M8002 初始脉冲 a 接点		☆D8002 寄存器容量	2→2K 步 4→4K 步 8→8K 步
☆M8003 初始脉冲 b 接点		☆D8003② 寄存器类型	保存不同 RAM/EEPROM 内置 EPROM/存储盒和存储器保护开关的 ON/OFF 状态
☆M8004 错误发生	当 M8060～M8067 中任意一个处于 ON 时动作（M8062 除外）	☆D8004 错误 M 地址号	8 0 6 0 M8060～M8066(M8004=1时)
M8005 电池电压 过低	当电池电压异常过低时动作	☆D8005 电池电压	3 6　单位：0.1V 电池电压当前值：3.6V
M8006 电池电压过低锁存	当电池电压异常过低后锁存状态	☆D8006 电池电压过低	初始值 3.0V（0.1V 为单位）（当电源 ON 时，由系统 ROM 传送）
M8007① 瞬停检测	即使 M8007 动作，若在 D8008 时间范围内，则 PLC 继续运行	☆D8007 瞬停检测时间	保存 M8007 的动作次数。当电源切断时该数值将被清除
☆M8008① 停电检测中	当 M8008 ON→OFF 时，M8000 变为 OFF	☆D8008① 停电检测时间	AC 电源型：初始值 10ms①
M8009 DC24V 失电	当扩展单元、扩展模块出现 DC24V 失电时动作	☆D8009 DC24V 失电单元的地址号	DC24V 失电的基本单元、扩展单元中最小输入元件的地址号

PLC 时钟

地址号·名称	特殊辅助时钟继电器（M）的功能	地址号·名称	特殊辅助时钟寄存器（D）的功能
☆M8010		☆D8010 当前扫描值	由第 0 步开始的累计执行的时间 （0.1s 为单位）
☆M8011 10ms 时钟	以 10ms 的频率振荡	☆D8011 最小扫描值	扫描时间的最小值 （0.1s 为单位）
☆M8012 100ms 时钟	以 100ms 的频率振荡	☆D8012 最大扫描值	扫描时间的最大值 （0.1s 为单位）
☆M8013 1s 时钟	以 1s 的频率振荡	D8013 秒	0s～59s （实时时钟用）
☆M8014 1min 时钟	以 1min 的频率振荡	D8014 分	0～59min （实时时钟用）
M8015	时钟停止和预置（实时时钟用）	D8015 时	0～23h （实时时钟用）
M8016	时间读取显示停止（实时时钟用）	D8016 日	1～31 日 （实时时钟用）
M8017	±30s 修正（实时时钟用）	D8017 月	1～12 月 （实时时钟用）
☆M8018	安装检测（实时时钟用）	D8018 年	公历两位（0～99）年 （实时时钟用）
M8019	实时时钟（RCT）出错（实时时钟用）	D8019 星期	0（日）～6（六） （实时时钟用）

标志

地址号·名称	特殊辅助标志继电器（M）的功能	地址号·名称	特殊辅助标志寄存器（D）的功能
☆M8020 0 标志	运算结果为 0 时	D8020 输入滤波调整	X0～X17 的输入滤波数值 0～60（初始值为 10ms）
☆M8021 借位标志	加减运算结果小于负的最大值时	☆D8021	
☆M8022 进位标志	加减运算结果发生进位时； 换位结果发生溢出时	☆D8022	
☆M8023		☆D8023	
M8024	BMOV 方向指定（FNC15）	☆D8024	
M8025	HSC 模式（FNC53～55）	☆D8025	
M8026	RAMP 模式（FNC15）	☆D8026	
M8027	PR 模式（FNC15）	☆D8027	
M8028	在执行 FROM/TO 指令过程中允许中断	☆D8028	Z0（Z）寄存器的内容[3]
☆M8029	当 DSW 指令等操作完成时	☆D8029	V0（V）寄存器的内容[3]

PLC 方式

地址号·名称	特殊辅助继电器（M）的功能	地址号·名称	特殊辅助寄存器（D）的功能
M8030^④	驱动 M8030 后，即使电池电压过低，PLC 面板指示灯也不亮	☆D8030	
M8031^④ 非保持存储器全部消除	M8031=1 时，可以将 Y、M、S、T、C 映像寄存器中的值和 T、C、D 的当前值全部清 0 特殊寄存器和文件寄存器不清除	☆D8031	
M8032^④ 保持存储器全部消除		☆D8032	
M8033	当可编程序控制 RUN→STOP 时，将映像寄存器和寄存器中的值保存下来	☆D8033	
M8034^④	将 PLC 的全部输出（Y）置 0	☆D8034	
M8035^⑤	详细情况请参阅三菱公司产品手册	☆D8035	
M8036^⑤		☆D8036	
M8037		☆D8037	
☆M8038	通信参数设定标志 （简易 PLC 之间链接设定用）	☆D8038	
M8039	当 M8039 变为 ON 时，PLC 直至 D8039 指定的扫描时间到达后才执行循环运算	D8039 恒定扫描时间	初始值为 0ms（以 1ms 为单位）（当电源 ON 时，由系统 ROM 传送） 能够通过程序进行更改

步进

地址号·名称	特殊辅助继电器（M）的功能	地址号·名称	特殊辅助寄存器（D）的功能
M8040 转移禁止	M8040=1 时，状态器之间不转移	☆D8040	
M8041^⑤ 转移开始	自动运行时能够进行初始状态的转移	☆D8041	
M8042 启动脉冲	对应启动输入的脉冲输出	☆D8042	
M8043^⑤ 回原位	在回原位结束时动作	☆D8043	当 M9047=1 时，将 S0～S899 中动作的状态器元件号，按最小元件号排序依次存放到 D8040～D8047 中
M8044^⑥ 原位条件	在满足原位条件时动作	☆D8044	
M8045 输出不复位	在模式切换时，所有输出（Y）复位禁止	☆D8045	
☆M8046^④	M8047=1 时，当 S0～S899 中有一个动作时 M8046=1	☆D8046	
M8047^④	M8047=1 时，D8040～D8047 有效	☆D8047	
☆M8048^④	M8049=1 时，当 S900～S999 中有一个动作时 M8048=1	☆D8048	
M8049^④	M8049=1 时，D8049 动作有效	☆D8049^④ ON 状态最小地址号	保存 S900～S999 中动作的最小编号

禁止中断

地址号·名称		特殊辅助继电器（M）的功能
M8050（输入中断）	I00□禁止	M8050 =1 时，I00□禁止中断
M8051（输入中断）	I10□禁止	M8051 =1 时，I10□禁止中断
M8052（输入中断）	I20□禁止	M8052 =1 时，I20□禁止中断
M8053（输入中断）	I30□禁止	M8053 =1 时，I30□禁止中断
M8054（输入中断）	I40□禁止	M8054 =1 时，I40□禁止中断
M8055（输入中断）	I50□禁止	M8055 =1 时，I50□禁止中断
M8056（定时器中断）	I6□□禁止	M8056 =1 时，I6□□禁止中断
M8057（定时器中断）	I7□□禁止	M8057 =1 时，I7□□禁止中断
M8058（定时器中断）	I8□□禁止	M8058 =1 时，I8□□禁止中断
M8059（计数器中断）		M8059=1 时，计数器中断 I010～I060 全部被禁止

错误检测

地址号·名称	特殊辅助继电器（M）的功能	PRG-E LED	PLC 状态	地址号·名称	特殊辅助寄存器（D）的功能
☆M8060	I/O 构成错误	OFF	RUN	☆D8060	I/O 构成错误的未安装 I/O 起始地址号[6]
☆M8061	PLC 硬件错误	闪烁	STOP	☆D8061	PLC 硬件错误的错误代码号
☆M8062	PLC/PP 通信错误	OFF	RUN	☆D8062	PLC/PP 通信错误的错误代码序号
☆M8063	并联连接错误[6] RS-232C 通信错误	OFF	RUN	☆D8063	并联连接错误的错误代码序号 RS-232C 通信错误的错误代码序号[6]
☆M8064	参数错误	闪烁	STOP	☆D8064	参数错误的错误代码序号
☆M8065	语法错误	闪烁	STOP	☆D8065	语法错误的错误代码序号
☆M8066	回路错误	闪烁	STOP	☆D8066	回路错误的错误代码序号
☆M8067	运算错误[6]	OFF	RUN	☆D8067	运算错误的错误代码序号[6]
☆M8068	运算错误锁存	OFF	RUN	D8068	锁存发生运算错误的步序号
☆M8069	I/O 总线检测[7]	—	—	☆D8069	M8065～M8067 的错误发生的步序号
☆M8109	输出刷新错误	OFF	RUN	☆D8109	输出刷错误的 Y 地址号

并联连接功能

地址号·名称	特殊辅助继电器（M）的功能	地址号·名称	特殊辅助寄存器（D）的功能
M8070	并联连接，主站时驱动[6]	☆D8070	并联连接错误判断时间
M8071	并联连接，子站时驱动[6]	☆D8071	
M8072	并联连接，运行中 ON	☆D8072	
M8073	并联连接，M8070、M8071 设定不良	☆D8073	

采样跟踪

地址号·名称	特殊辅助标志继电器（M）的功能	地址号·名称	特殊辅助标志寄存器（D）的功能
☆M8074		☆D8074	采样剩余次数
M8075	采样跟踪，准备开始指令	D8075	采样次数的设定：1～512
M8076	采样跟踪，准备完成，执行开始指令	D8076	采样周期
☆M8077	采样跟踪，执行中监控	D8077	触发指定
☆M8078	采样跟踪，执行完成监控	D8078	触发条件元件号设定
☆M8079	跟踪次数超过 512 时 ON	☆D8079	采样数据指针
		D8080	位元件号№0
		D8081	位元件号№1
		D8082	位元件号№2
		D8083	位元件号№3
		D8084	位元件号№4
		D8085	位元件号№5
		D8086	位元件号№6
		D8087	位元件号№7
		D8088	位元件号№8
		D8089	位元件号№9
		D8090	位元件号№10
		D8091	位元件号№11
		D8092	位元件号№12
		D8093	位元件号№13
		D8094	位元件号№14
		D8095	位元件号№15
		D8096	字元件号№0
		D8097	字元件号№1
		D8098	字元件号№2

高速环形计数器

地址号·名称	特殊辅助继电器（M）的功能	地址号·名称	特殊辅助寄存器（D）的功能
M8099	高速环形计数器动作	D8099	0～32767（单位：0.1ms）上升沿高速环形计数器

存储器容量

地址号·名称	特殊辅助寄存器（D）的功能
☆D8102	2→2K 4→4K 8→8K 16→16K

输出刷新

地址号·名称	特殊辅助继电器（M）的功能	地址号·名称	特殊辅助寄存器（D）的功能
☆M8109	输出刷新错误	☆D8109	输出刷新错误发生的输出地址号，保存 0，10，20…

通信、链接

地址号·名称	特殊辅助继电器（M）的功能	地址号·名称	特殊辅助寄存器（D）的功能
☆M8120		D8120	通信格式®
☆M8121	RS232C 发送等待中®	D8121	站号设定®
M8122	RS232C 发送标志®	☆D8122	RS232C 传送数据剩余数®
M8123	RS232C 接收完成标志®	☆D8123	RS232C 接收数据数®
☆M8124	RS232C 载波接收中	D8124	起始符（8 位）初始值 STX
☆M8125		D8125	终止符（8 位）初始值 ETX
☆M8126	全局信号	☆D8126	
☆M8127	请求式握手信号	D8127	请求式，用起始地址号指定
M8128	请求式错误标志	D8128	请求式数据量指定
M8129	请求式字/字节切换或超时判断	D8129	超时判断时间®
☆M8180		☆D8170	
☆M8181		☆D8171	
☆M8182		☆D8172	
☆M8183	传送数据 PLC 出错（主站）	☆D8173	该本站号设定状态
☆M8184	传送数据 PLC 出错（1 号站）	☆D8174	通信子站设定状态
☆M8185	传送数据 PLC 出错（2 号站）	☆D8175	刷新范围设定状态
☆M8186	传送数据 PLC 出错（3 号站）	D8176	本站号设定
☆M8187	传送数据 PLC 出错（4 号站）	D8177	通信子站数设定状态
☆M8188	传送数据 PLC 出错（5 号站）	D8178	刷新范围设定
☆M8189	传送数据 PLC 出错（6 号站）	D8179	重试次数
☆M8190	传送数据 PLC 出错（7 号站）	D8180	监视时间
☆M8191	传送数据 PLC 执行中		
☆M8192		☆D8200	
☆M8193		☆D8201	当前链接扫描时间
☆M8194		☆D8202	最大链接扫描时间
☆M8195		☆D8203	传送数据 PLC 错误计数值（主站）
☆M8196		☆D8204	传送数据 PLC 错误计数值（1 号站）
☆M8197		☆D8205	传送数据 PLC 错误计数值（2 号站）
☆M8198		☆D8206	传送数据 PLC 错误计数值（3 号站）
☆M8199		☆D8207	传送数据 PLC 错误计数值（4 号站）
		☆D8208	传送数据 PLC 错误计数值（5 号站）
		☆D8209	传送数据 PLC 错误计数值（6 号站）

续表

地址号·名称	特殊辅助继电器（M）的功能	地址号·名称	特殊辅助寄存器（D）的功能
		☆D8210	传送数据 PLC 错误计数值（7 号站）
		☆D8211	传送数据错误代码（主站）
		☆D8212	传送数据错误代码（1 号站）
		☆D8213	传送数据错误代码（2 号站）
		☆D8214	传送数据错误代码（3 号站）
		☆D8215	传送数据错误代码（4 号站）
		☆D8216	传送数据错误代码（5 号站）
		☆D8217	传送数据错误代码（6 号站）
		☆D8218	传送数据错误代码（7 号站）
		☆D8219	

高速平台、定位

地址号·名称	特殊辅助继电器（M）的功能	地址号·名称	特殊辅助寄存器（D）的功能
M8130	FNC55（HSZ）指令平台比较模式	☆D8130	高速比较平台计数器 HSZ
☆M8131	（HSZ）指令平台比较模式完成标志	☆D8131	速度模式平台计数器 HSZ，PLSY
M8132	FNC55（HSZ），FNC57（PLSY）速度模式	☆D8132（低位）	速度模式频率
☆M8133	FNC55（HSZ），FNC57（PLSY）速度模式完成标志	☆D8133（空）	FNC55（HSZ），FNC57（PLSY）
☆M8134		☆D8134（低位）	速度模式脉冲数
☆M8135		☆D8135（高位）	FNC55（HSZ），　FNC57（PLSY）
☆M8136		D8136（低位）	Y0、Y1 输出脉冲合计累加数
☆M8137		D8137（高位）	
☆M8138		☆D8138	
☆M8139		☆D8139	
☆M8140		D8140（低位）	FNC55（PLSY），FNC57（PLSR）。向 Y0 输出脉冲数的累计或使用定位指令的当前值地址
☆M8141		D8141（高位）	
☆M8142		D8142（低位）	FNC55（PLSY），FNC57（PLSR）。向 Y1 输出脉冲数的累计或使用定位指令的当前值地址
☆M8143		D8143（高位）	
☆M8144		☆D8144	
M8145		D8145	
M8146		D8146（低位）	
☆M8147		D8147（高位）	
☆M8148		D8148	
☆M8149		☆D8149	

扩展功能

地址号·名称	特殊辅助继电器（M）的功能	地址号·名称	特殊辅助寄存器（D）的功能
M8160	XCH 指令的 SWAP 功能	☆D8160	
M8161	8 位处理模式　用于 FNC76、80、82～84	☆D8161	
M8162	高速并联连接模式	☆D8162	
☆M8163		☆D8163	
M8164	FROM/TO 传送点数可变模式	D8164	FROM/TO 传送点数指定
☆M8165		☆D8165	
☆M8166		☆D8166	
M8167	HEY 指令的 HEX 数据处理模式	☆D8167	
M8168	SMOV 指令的 HEX 数据处理模式	☆D8168	
☆M8169		☆D8169	

脉冲捕捉

地址号·名称	特殊辅助继电器（M）的功能	地址号·名称	特殊辅助继电器（M）的功能
M8170	输入 X0 脉冲捕捉	M8173	输入 X3 脉冲捕捉
M8171	输入 X1 脉冲捕捉	M8174	输入 X4 脉冲捕捉
M8172	输入 X2 脉冲捕捉	M8175	输入 X5 脉冲捕捉

变址寄存器当前值

地址号·名称	特殊辅助继电器（M）的功能	地址号·名称	特殊辅助寄存器（D）的功能
☆D8028	Z0（Z）变址寄存器的内容	☆D8090	Z5 变址寄存器的内容
☆D8029	V0（V）变址寄存器的内容	☆D8091	V5 变址寄存器的内容
☆D8082	Z1 变址寄存器的内容	☆D8092	Z6 变址寄存器的内容
☆D8083	V1 变址寄存器的内容	☆D8093	V6 变址寄存器的内容
☆D8084	Z2 变址寄存器的内容	☆D8094	Z7 变址寄存器的内容
☆D8085	V2 变址寄存器的内容	☆D8095	V7 变址寄存器的内容
☆D8086	Z3 变址寄存器的内容	☆D8096	
☆D8087	V3 变址寄存器的内容	☆D8097	
☆D8088	Z4 变址寄存器的内容	☆D8098	
☆D8089	V4 变址寄存器的内容	☆D8099	

内部可逆计数器

地址号·名称	特殊辅助继电器（M）的功能			地址号·名称	特殊辅助继电器（M）的功能	
	M8□□□=0	M8□□□=1			M8□□□=0	M8□□□=1
M8200	C200 加计数	C200 减计数		M8235	C235 加计数	C235 减计数
M8201	C201 加计数	C201 减计数		M8236	C236 加计数	C236 减计数
M8202	C202 加计数	C202 减计数		M8237	C237 加计数	C237 减计数
M8203	C203 加计数	C203 减计数	单	M8238	C238 加计数	C238 减计数
M8204	C204 加计数	C204 减计数	相	M8239	C239 加计数	C239 减计数
M8205	C205 加计数	C205 减计数	单	M8240	C240 加计数	C240 减计数
M8206	C206 加计数	C206 减计数	输	M8241	C241 加计数	C241 减计数
M8207	C207 加计数	C207 减计数	入	M8242	C242 加计数	C242 减计数
M8208	C208 加计数	C208 减计数		M8243	C243 加计数	C243 减计数
M8209	C209 加计数	C209 减计数		M8244	C244 加计数	C244 减计数
M8210	C210 加计数	C210 减计数		M8245	C245 加计数	C245 减计数
M8211	C211 加计数	C211 减计数		地址号	特殊辅助继电器（M）的功能	
M8212	C212 加计数	C212 减计数	二	☆M8246	C246 加计数时 M8246=0	C246 减计数时 M8246=1
M8213	C213 加计数	C213 减计数	相	☆M8247	C247 加计数时 M8247=0	C247 减计数时 M8247=1
M8214	C214 加计数	C214 减计数	单	☆M8248	C248 加计数时 M8248=0	C248 减计数时 M8248=1
M8215	C215 加计数	C215 减计数	输	☆M8249	C249 加计数时 M8249=0	C249 减计数时 M8249=1
M8216	C216 加计数	C216 减计数	入	☆M8250	C250 加计数时 M8250=0	C250 减计数时 M8250=1
M8217	C217 加计数	C217 减计数		地址号	特殊辅助继电器（M）的功能	
M8218	C218 加计数	C218 减计数	二	☆M8251	C251 加计数时 M8251=0	C251 减计数时 M8251=1
M8219	C219 加计数	C219 减计数	相	☆M8252	C252 加计数时 M8252=0	C252 减计数时 M8252=1
M8220	C220 加计数	C220 减计数	双	☆M8253	C253 加计数时 M8253=0	C253 减计数时 M8253=1
M8221	C221 加计数	C221 减计数	输	☆M8254	C254 加计数时 M8254=0	C254 减计数时 M8254=1
M8222	C222 加计数	C222 减计数	入	☆M8255	C255 加计数时 M8255=0	C255 减计数时 M8255=1
M8223	C223 加计数	C223 减计数				
M8224	C224 加计数	C224 减计数				
M8225	C225 加计数	C225 减计数				
M8226	C226 加计数	C226 减计数				
M8227	C227 加计数	C227 减计数				
M8228	C228 加计数	C228 减计数				
M8229	C229 加计数	C229 减计数				
M8230	C230 加计数	C230 减计数				
M8231	C231 加计数	C231 减计数				
M8232	C232 加计数	C232 减计数				
M8233	C233 加计数	C233 减计数				
M8234	C234 加计数	C234 减计数				

说明：

特殊辅助继电器和特殊数据寄存器在不同型号的可编程控制器中，其定义可能有所不同，使用时应注意。

有☆标记以及未使用的或未定义的特殊辅助继电器和特殊数据寄存器，不能在程序中驱动或写入数据操作。

表中①～⑩的说明如下：

① 停电检测时间（D8008）的变更：可编程控制器的电源为 AC200V 时，可以利用顺控程序更改 D8008 的内容，在 10～100ms 范围内对停电检测时间进行调整；电源为 DC24V 时，允许瞬间停电时间的保证值为 5ms，为了修正停电检测时间，可将−1 写入 D8008，则设定值变为 5ms。

② 存储器种类 D8003 的内容：

00H=选配件 RAM 存储器；01H=选配件 EPRAM 存储器；02H=选配件 EEPRAM 存储器，程序保护功能 OFF；0AH=选配件 EEPRAM 存储器，程序保护功能 ON；10 H=可编程控制器内置存储器。

③ Z1～Z7、V1～V7 的内容存于 D8182～D8195 中。

④ 在 END 指令执行时处理。

⑤ RUN→STOP 时清除。

⑥ 在可编程控制器 RUN→STOP 时清除，但 M8068、D8068 无法清除。

⑦ 驱动 M8069 时执行 I/O 总线检测，当发生错误时，在将错误代码 6103 写入 8061 中，且 M8061=1。

⑧ 当被编程的 I/O 元件号的扩展单元模块未安装时，在 M8060 动作的同时将该单元的起始元件号写入 D8060 中。

⑨ STOP→RUN 时清除。

⑩ 停电保持。

附录 E 三菱 PLC 编程软件使用方法

三菱公司 FX 系列 PLC 的编程输入主要有手持编程器和计算机编程软件。手持编程器体积小，携带方便，用于现场编程和程序调试，比较方便，但只能以指令的形式输入，所以程序输入或对程序的分析理解不太方便。目前比较常用的方法是采用计算机编程软件。三菱公司针对 PLC 的编程软件有 3 种，分别是 FXGP/WIN-C、GX Developer 和 GX Works2。

FXGP/WIN-C 编程软件可用于 FX_0/FX_{0S}、FX_{0N}、FX_1、FX_2/FX_{2C}、FX_{1S}、FX_{1N} 和 FX_{2N}/FX_{2NC} 系列 PLC。该软件简单易学，容量小，适合初学者。

GX Developer 为全系列编程软件，低版本的可以用于上述 FX 系列 PLC，高版本的还可以用于 FX_{3G}、FX_{3U} 和 FX_{3UC} 系列 PLC。也可以用于 Q 系列、Q_{nA} 和 A 系列这类大、中型系列 PLC。和仿真软件配合还可以对程序进行仿真。

GX Works2 编程软件为最新推出的全系列编程软件，使用方法和 GX Developer 基本类似，是一种功能更加强大的软件。有梯形图、SFC、结构化梯形图和 ST 多种程序语言。

由于 FX_{2N}/FX_{2NC} 等系列 PLC 已停产，FX_{3S}、FX_{3G}、FX_{3GC}、FX_{3U} 和 FX_{3UC} 系列 PLC 已逐渐成为主流的小型 PLC 产品。

E.1 FXGP/WIN-C 编程软件

E.1.1 三菱 PLC 编程软件及基本操作

三菱公司 FX 系列 PLC 的编程输入主要有手持编程器和计算机编程软件。手持编程器体积小，携带方便，用于现场编程和程序调试，比较方便，但只能以指令的形式输入，所以程序输入或对程序的分析理解不太方便。目前比较常用的方法是采用计算机编程软件。

用于 FX 系列 PLC 的编程软件有两种：一种是用于 FX 系列 PLC 的专用编程软件，一种是三菱公司全系列 PLC 的通用编程软件 GX Developer Version 8.34L（SW8D5C-GPPW-C）。两种编程软件使用方法大致相同。通用编程软件附带有仿真软件，可对所编的梯形图进行仿真，使用方法请参考相关资料，下面简单介绍 FX 系列 PLC 的专用编程软件的使用方法。

三菱公司针对 FX 系列 PLC 编程软件的名称为 SWOPC-FXGP/WIN-C，它的运行环境为 Windows 95 以上的版本，可对 FX_0/FX_{0S}、FX_{0N}、FX_1、FX_2/FX_{2C}、FX_{1S}、FX_{1N} 和 FX_{2N}/FX_{2NC} 系列 PLC 进行程序输入以及监控 PLC 中各软元件的实时状态。SWOPC-FXGP/WIN-C 编程软件的主要屏幕显示信息如图 E-1 所示。

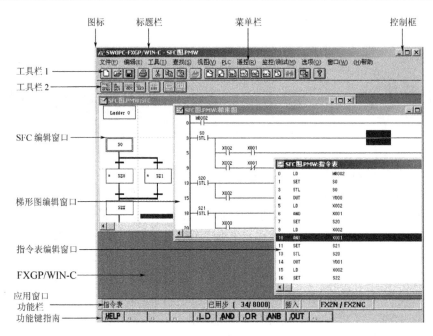

图 E-1　SWOPC-FXGP/WIN-C 编程软件的主要屏幕显示信息

　　SWOPC-FXGP/WIN-C 编程软件可以用 3 种编辑窗口：梯形图编辑窗口、指令表编辑窗口和 SFC 编辑窗口。由于梯形图比较直观，所以一般使用梯形图编辑窗口进行编程。该编程软件使用比较简单。编程软件对计算机系统配置要求比较低，一般计算机都能安装，安装过程也比较方便。

1．编程软件的启动与退出

　　启动 SWOPC-FXGP/WIN-C 编程软件：用鼠标双击桌面上的图标，出现如图 E-2 所示的界面。

　　退出编程软件系统：用鼠标选择"文件"→"退出"命令即可。

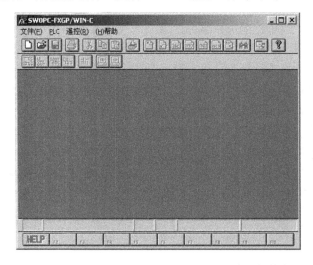

图 E-2　初始打开的 SWOPC-FXGP/WIN-C 编程软件窗口

2．文件的管理

1）创建新文件

选择"文件"→"新文件"菜单项，或者按 Ctrl+N 组合键操作，或者单击工具栏上的"新文件"图标，然后在"PLC 类型设置"对话框中选择 PLC 类型，如图 E-3 所示，单击"确认"按钮，出现如图 E-4 所示的 PLC 编辑窗口。通过菜单栏中的"视图"菜单项可以选择梯形图编辑窗口、指令表编辑窗口或 SFC 编辑窗口，如图 E-6（e）所示。一般使用梯形图编辑窗口。

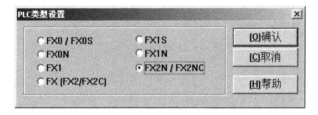

图 E-3 "PLC 类型设置"对话框

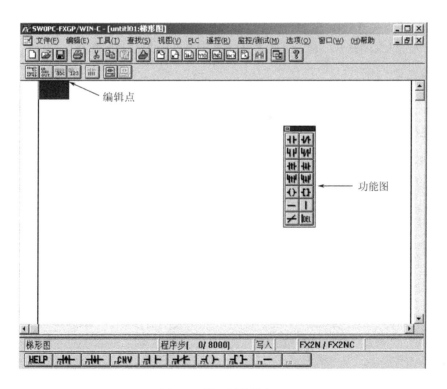

图 E-4 梯形图编辑窗口

2）打开原有文件

从一个文件列表中打开一个程序以及诸如注释数据之类的数据，操作方法是选择"文件"→"打开"命令，或者按组合键 Ctrl+O 即可，再在打开的对话框中选择一个所需的指令程序，单击"确认"按钮即可，如图 E-5 所示。

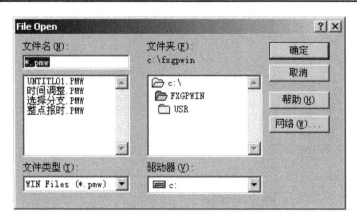

图 E-5　File Open 对话框

3）文件的保存和关闭

保存当前程序、注释数据以及其他在同一文件名下的数据。如果是第一次保存，屏幕将显示如图 E-5 所示的 File Open 对话框，可在"文件名"文本框中将当前程序赋名并保存下来。

将已处于打开状态的程序关闭，再打开一个已有的程序及相应的注释和数据，方法是执行"文件"→"关闭打开"命令，再从图 E-5 中打开一个已有的程序。

E.1.2　程序编辑操作

1. 菜单栏

图 E-1 中的菜单栏共有 11 项：文件、编辑、工具、查找、视图、PLC、遥控、监控/测试、选项、窗口、帮助，其下拉菜单如图 E-6 所示。

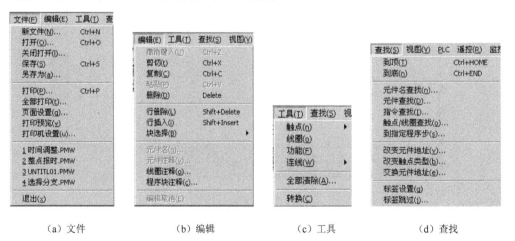

（a）文件　　　　　　（b）编辑　　　　　　（c）工具　　　　　　（d）查找

图 E-6　菜单栏

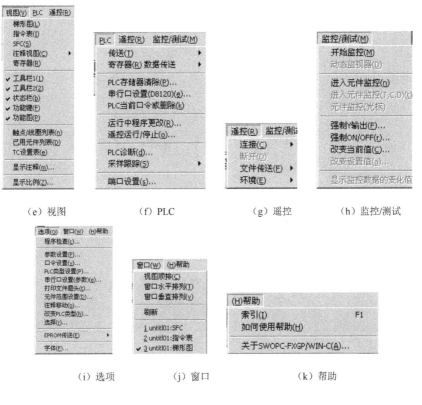

（e）视图　　　　　（f）PLC　　　　　（g）遥控　　　　（h）监控/测试

（i）选项　　　　　　（j）窗口　　　　　　（k）帮助

图 E-6　菜单栏（续）

2．梯形图编程输入法

用梯形图编程是较常用的一种方法。梯形图编程窗口的输入有两种方法：图形符号输入法和指令输入法。

1）图形符号输入法

用图形符号输入梯形图的方法包括以下几种：

（1）采用菜单栏中的"工具"下拉菜单，如图 E-6（c）所示，使用较少。

（2）采用功能图，图中梯形图符号及意义如图 E-7 所示。

⊢⊢	常开接点	⊣/⊢	常闭接点	
⊣⊔⊢	并联常开接点	⊣/⊔	并联常闭接点	
⊣↑⊢	上升沿常开接点	⊣↓⊢	下降沿常开接节点	
⊣↑⊔	并联上升沿常开接点	⊣↓⊔	并联下降沿常开接点	
⊣( )⊢	线圈	⊣[ ]⊢	功能线圈	
—	横线	│	竖线	
⊣/	取反	DEL	删除竖线	

图 E-7　功能图

（3）采用功能键，按下 Shift 键，显示如图 E-8 所示的功能键。

图 E-8　功能键

功能键和图形符号的对应关系如表 E-1 所示。

表 E-1　功能键和图形符号的对应关系

图形符号	HELP	┤├ F2	┤╫├ F3	CNV F4	┤ ├ F5	┤╫├ F6	─( )─ F7	─[ ]─ F8	─ F9	
		╫┤├ F2	╫┤╫├ F3	RUN C	┤ ├ F5	╫┤╫├ F6	─	┴DEL F8	│ F9	
功能键	F1	F2	F3	F4	F5	F6	F7	F8	F9	F10

用上述 3 种方法选择图形符号，就会出现如图 E-9 所示的对话框，输入元件，单击"确定"按钮或按 Enter 键，即可输入图形符号。

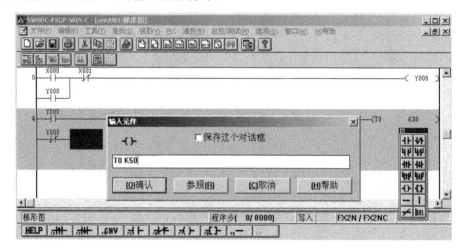

图 E-9　图形符号输入梯形图

2）指令输入法

用指令也可以直接输入梯形图，例如，输入线圈 M0，只要直接输入指令 OUT M0 即可，如图 E-10 所示。

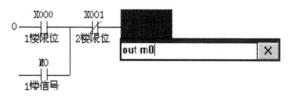

图 E-10　用指令输入梯形图

指令与梯形图符号的对应关系如表 E-2 所示。

表 E-2 指令与梯形图符号的对应关系

指　　令	梯形图符号	指　　令	梯形图符号
LD　AND	—| |—	OUT	—(Y000)—
LDI　ANI	—|/|—	OUT	—(T0　K100)—
LDP　ANDP	—|↑|—	SET	—[SET M3]—
LDF　ANDF	—|↓|—	RST	—[RST M3]—
OR	└—| |—┘	PLS	—[PLS M2]—
ORI	└—|/|—┘	PLF	—[PLF M3]—
ORP	└—|↑|—┘	MC	—[MC N0 M2]—
ORF	└—|↓|—┘	MCR	—[MCR N0]—
INV	—/—	STL	—| |— 或 —| STL |—
ANB	——	RET	—[RET]—
ORB	│	END	—[END]—

用梯形图编程，其梯形图必须要经过转换，转换有 3 种方法，一是单击工具栏 1 中的"转换"图标；二是按 F4 功能键；三是选择"工具"→"转换"命令，如图 E-6（c）所示。经过转换的梯形图，会由深暗色变成白色。

经过转换的梯形图，可以自动生成指令表，如果是步进梯形图还可以自动生成 SFC 图。

3）指令表编程

用指令表进行编程比较简单，选择"视图"→"指令表"命令即可，如图 E-10 所示，或单击工具栏 2 中的"指令表视图"图标，直接将指令用键盘输入即可。

指令的输入也可以用功能键，如图 E-11 中最下面的功能键指南栏所示，当功能键指南栏中没有对应的指令时，按下 Shift 键，即可找出其余的指令。

需要注意的是，在极个别情况下，不同的指令表所表达的梯形图是一样的，如图 E-12（a）和（b）所示两种梯形图是一样的，但是逻辑关系不一样，其中的图 E-12（b）只能用指令表输入。

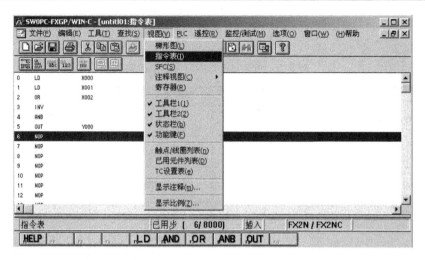

图 E-11　用指令表编程

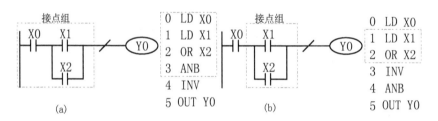

图 E-12　两种不同指令的梯形图

E.1.3　程序的传送

　　将用编程软件编制的指令或梯形图传送到 PLC 中，可选择菜单栏中的 PLC→"传送"→"写出"命令，如图 E-13（a）所示。出现一个"PC 程序写入"对话框，如图 E-13（b）所示，选中"范围设置"单选按钮，根据功能栏中的程序步，将对应的程序步写入到对话框中的"终止步"文本框中，然后单击"确认"按钮，即可将程序写入到 PLC 中。如果选中"所有范围"按钮，则程序写入到 PLC 的 0～7999 步中，这样写入到 PLC 中的时间就会变长。在"写出"的过程中，计算机会自动将计算机中的程序与 PLC 中的程序进行核对。写出时，PLC 应在"停止"工作状态。

　　选择 PLC→"传送"→"读入"命令，就可以将 PLC 中的程序读入计算机中。执行读入后，计算机中的程序将丢失，原有的程序将被读入的程序所替代，PLC 模式改变成被设定的模式。

　　选择 PLC→"传送"→"核对"命令，就可以将 PLC 中的程序和计算机中的程序进行对比，并将其中不同的部分显示出来。

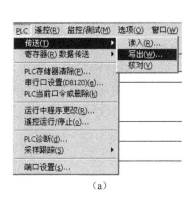

(a)　　　　　　　　　　　　　　　　(b)

图 E-13　将程序写出到 PLC 中

E.1.4　程序的监控

选择"监控/测试"→"开始监控"命令，梯形图进入监控状态，如图 E-14 所示。

梯形图（或指令表、SFC 图）在监控状态下时，"开始监控"命令就变成了"停止监控"命令，再选择"停止监控"命令，PLC 就退出了监控状态。

在监控状态下，凡是接通的接点和得电的线圈均以绿色条块显示，还能显示 T、C、D 等字元件的当前值，如图 E-15 所示。这样可方便地观察和分析各部分电路的工作状态。

选择"监控/测试"→"进入元件监控"命令，进入对梯形图中各种软元件的监控状态，如图 E-15 所示。将要监控的软元件写入，窗口就显示出各种软元件的工作状态。

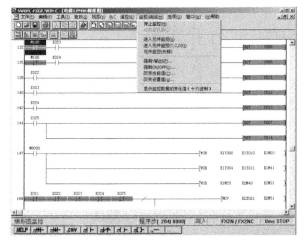

图 E-14　梯形图的监控状态　　　　　图 E-15　PLC 软元件的监控

E.2 GX Developer 编程软件

GX Developer 编程软件可以在三菱机电自动化（中国）有限公司的官方网站 http://www.mitsubishielectric-automation.cn/免费下载，并可免费申请安装序列号。

GX Developer 编程软件的安装和其他软件安装方法基本一致，安装时先安装环境包 EnvMEL 文件夹中的 SETUP.EXE，再返回主目录，安装主目录下的 SETUP.EXE，安装过程中注意不要勾选"监控 GX Developer"。最后可安装仿真软件。

E.2.1 编程软件的基本操作

1. 编程软件的启动与退出

启动 GX Developer 编程软件：可以双击桌面上的图标 。也可以单击桌面左下角的 "开始"图标，→所有程序（P）→MELSOFT 应用程序→GX Developer，如图 E-16 所示。出现如图 E-17 所示的编辑软件窗口。

图 E-16 初始打开 GX Developer 编程软件的方法

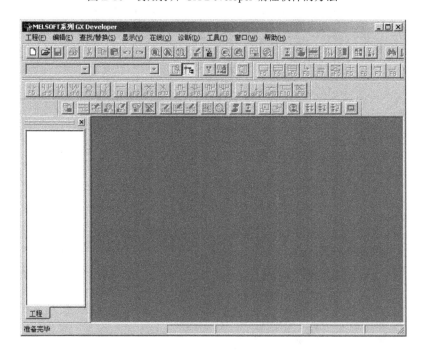

图 E-17 打开 GX Developer 编程软件窗口

退出编程软件系统：选择"工程"→"关闭工程"命令即可。

2．文件的管理

1）创建新工程

选择"工程"→"创建新工程"命令，或者按 Ctrl+N 组合键操作，或者单击工具栏上的图标□，然后在弹出的"创建新工程"对话框，在对话框中选择 PLC 系列、PLC 类型、程序类型（一般选梯形图），再勾选"设备工程名"如图 E-18 所示。单击"确定"按钮，弹出如图 E-19 所示的对话框；单击"是"按钮，出现 PLC 编辑窗口，如图 E-20 所示。

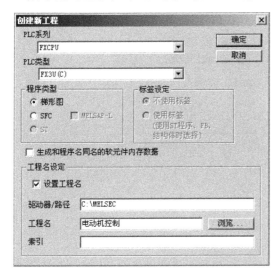

图 E-18　"创建新工程"对话框

图 E-19　对话框

图 E-20　梯形图编辑窗口

2）打开原有工程

就是打开已经保存的工程的程序，操作方法是选择"工程"→"打开工程"命令或按 Ctrl+O 组合键，或者单击工具栏上的图标，出现"打开工程"对话框，如图 E-21 所示。

图 E-21　"打开工程"对话框

在打开的对话框中选择一个所需的工程，然后单击"打开"按钮即可。

也可在"工程名"中输入要选择的一个工程名，然后单击"打开"按钮。

3）工程的保存和退出

如果保存一个工程的程序，只要单击"工程保存"图标即可。

如果将一个工程修改后保存为另一个工程名，可单击"工程"→"另存工程为"命令，弹出"另存工程为"对话框，如图 E-22 所示，如将工程名修改为"电动机控制（2）"，单击"保存"按钮即可。

将已处于打开状态的程序关闭，操作方法是：选择"工程"→"关闭工程"命令，出现图 E-23 所示的对话框，单击"是"按钮即可。

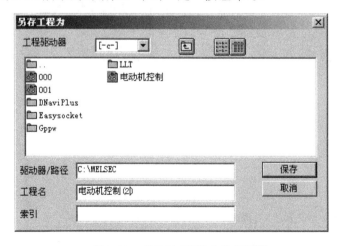

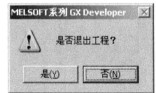

图 E-22　"另存工程为"的界面图　　　　图 E-23　退出工程对话框

E.2.2　程序编辑操作

1. 梯形图编程输入法

用梯形图编程是较常用的一种方法。梯形图编程窗口的输入有两种方法：图形符号输入法和指令输入法。

1) 图形符号输入法

用图形符号输入梯形图的方法包括以下几种：

（1）采用菜单栏中的"编辑"下拉菜单"梯形图标记"，再选择梯形图符号。此种方法使用较少。

（2）采用梯形图符号的快捷按钮栏，如图 E-24 所示。

图 E-24　梯形图符号的快捷按钮栏

用梯形图符号编辑梯形图的方法如图 E-25 所示，如编辑常开接点 X6，可单击"常开触点"的按钮，出现"梯形图输入"对话框，输入"x6"，单击"确认"即可。

单击按钮，在编辑点处向下拖动一条竖线，再向右拖动一条横线，可以画一条 L 型折线。按钮和用于删除横线、竖线和折线。

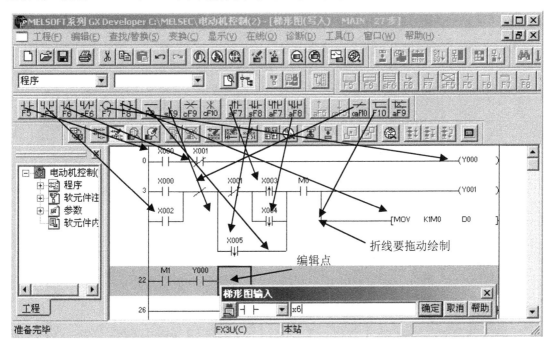

图 E-25　用图形符号输入法输入梯形图

2）指令输入法

用指令也可以直接输入梯形图，如编辑常开接点 X6，可双击编辑点，出现"梯形图输入"对话框，输入"and x6"，单击"确认"即可，如图 E-26 所示。

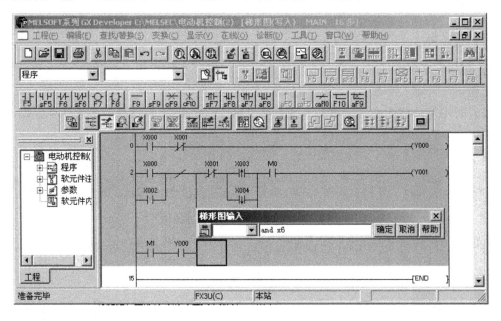

图 E-26　用指令输入梯形图

2. 指令表编程输入法

用指令表进行编程比较简单，单击图标即可，如图 E-27 所示。另外，也可通过单击菜单栏中的"显示"→"列表显示"命令，直接将指令用键盘输入。

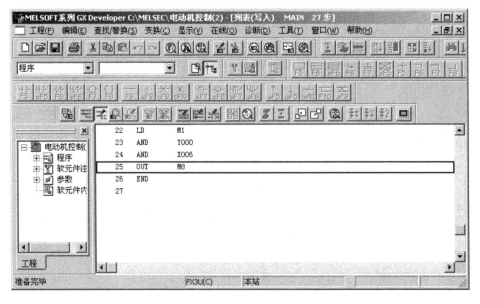

图 E-27　用指令表编程

需要注意的是，在极个别情况下，不同的指令表所表达的梯形图是相同的，例如第 4 章中的图 4-17，图 4-17（a）和图 4-17（b）所示的两种梯形图是相同的，但逻辑关系不同，其中的图 4-17（b）只能用指令表输入，如图 E-28（b）所示的梯形图及指令表。

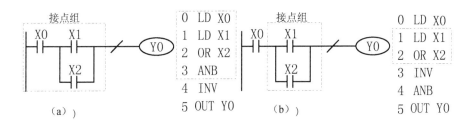

图 E-28 图 4-17 所示梯形图的输入

3. 梯形图修改

例如将梯形图中 M8 改为 SET M8，可双击 M8 线圈，出现对话框，如图 E-29（a）所示。将图 E-29（a）中对话框参数修改为如图 E-29（b）所示，单击"确定"按钮，梯形图变为图 E-29（c）所示。按 F4 键，梯形图变为图 E-29（d）所示，修改完成。

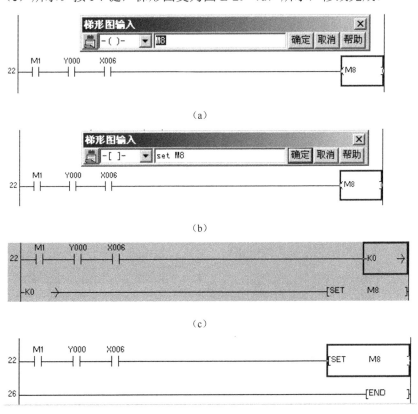

图 E-29 梯形图修改

4. 添加注释

为了便于阅读梯形图程序的控制原理，可以在梯形图上添加注释，方法是单击"编辑"→"文档生成"→"注释编辑"命令，或单击图标。

双击要注释的软元件，如图 E-30（a）所示的 X000，出现"注释输入"的对话框，在对话框中填入软元件的名称如"开关 0"，单击"确定"按钮即可添加软元件的名称，如图 E-30（b）所示。

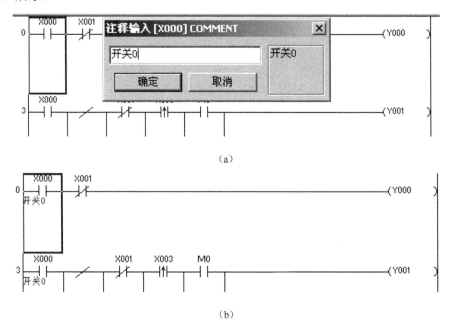

图 E-30　在梯形图上添加注释

展开"软元件注释"双击"COMMENT"在"软元件名"中输入"X0"，单击"显示"按钮，即可看到 X 软元件的注释。如图 E-31 所示，如果要注释其他 X 软元件，也可以直接在表中添加就可以了。

图 E-31　在表中添加注释

5. 梯形图变换

用梯形图编程，其梯形图必须要经过变换，变换有 3 种方法：一是单击快捷按钮栏中的图标 ，二是按 F4 功能键，三是选择"变换"→"变换"命令。经过转换的梯形图，会由深暗色变成白色，且可以自动生成指令表。

E.2.3　程序的传送

把编译好的程序写入到 PLC 中叫做下载，把 PLC 中的程序读出到计算机的编程界面中叫做上传。在下载和上传之前，要把 PLC 的编程口和计算机的通信口用编程电缆连接起来，FX 系列 PLC 的编程电缆常用的是 SC-09。

1. 程序下载

程序下载之前必须要进行程序变换。

在菜单栏中选择"在线"→"PLC 写入"命令，（或单击图标），弹出"PLC 写入"对话框，在对话框中根据需要勾选"程序"、"参数"、"软元件内存"。然后单击"执行"按钮，程序即可由计算机写入 PLC 中。

2. 程序上传

在菜单栏中选择"在线"→"PLC 读取"，（或单击图标），弹出"PLC 读取"对话框，在对话框中根据需要勾选"程序"、"参数"、"软元件内存"。然后单击"执行"按钮，程序即可由 PLC 读取到计算机中。

E.2.4　在线监视

在线监视就是通过计算机编程界面，实时监视 PLC 的程序执行情况。

在菜单栏中选择"在线"→"监视"→"监视模式"，（或单击图标），梯形图（程序）进入监视状态，

在监视状态下，凡是接通的接点和得电的线圈均以绿色条块显示，同时还能显示 T、C、D 等字元件的当前值。这样就能很方便地观察和分析各部分电路的工作状态。

E.2.5　程序的仿真

三菱公司为 PLC 设计了一款仿真软件 GX-Simulator，安装仿真软件 GX-Simulator 后，工具栏中将出现一个亮色的梯形图逻辑测试图标，否则梯形图逻辑测试按钮是灰色的。

单击梯形图逻辑测试图标，梯形图进入 RUN 运行状态，出现如图 E-32 所示的界面。单击"软元件测试"图标，出现如图 E-33 所示的"软元件测试"界面。

例如模拟输入继电器 X0 接点闭合，可在"位软元件"框中输入"X0"，如图 E-33 所示，单击"强制 ON"按钮，可模拟梯形图中的 X0 接点闭合，如图 E-34 所示，X0 接点变成亮蓝色，表示 X0 接点闭合。单击"强制 OFF"按钮，可模拟梯形图中的 X0 接点断开，X0 接点亮蓝色消失。

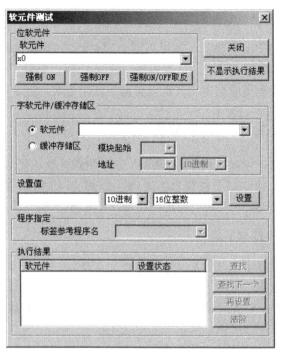

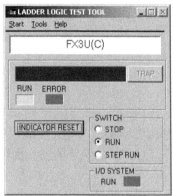

图 E-32 梯形图的 RUN 界面　　　　　图 E-33 PLC 的软元件测试界面

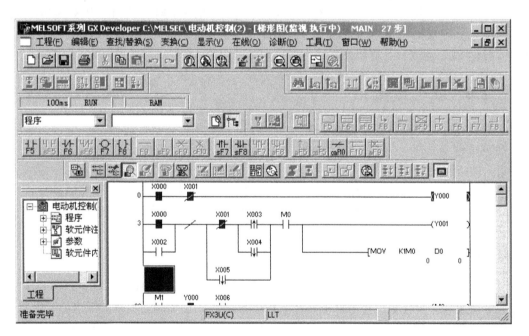

图 E-34 梯形图的仿真测试

参 考 文 献

[1] 王阿根. 电气可编程控制原理与应用（第 3 版）. 北京：清华大学出版社，2014.

[2] 王阿根. 电气可编程控制原理与应用（S7-200PLC）. 北京：电子工业出版社，2013.

[3] 王阿根. PLC 控制程序精编 108 例. 北京：电子工业出版社，2009.

[4] 阎石. 数字电子技术基础. 北京：高等教育出版社，1998.

[5] 国家标准局. 电气制图及图形符号国家标准汇编. 北京：中国标准出版社，1989.

[6] 何堃山. 可编程序设计范例大全. 上海：同济大学出版社，1997.

[7] 三菱公司. 可编程控制器应用 101 例. 1994.

[8] 三菱公司. FX_{1S}、FX_{1N}、FX_{2N}、FX_{2NC} 编程手册. 2001.

[9] 三菱公司. FX_{3U}、FX_{3UC} 编程手册. 2005.

[10] 三菱公司. FX-PCS/WIN-C 软件使用手册. 1997.

[11] 三菱公司. GX Developer 版本 8 操作手册. 2012.

[12] 三菱公司. FX_{2N} 编程手册. 1999.

[13] 三菱公司. FX_{2N} 使用手册. 1999.

读者调查及投稿

1．您觉得这本书怎么样？有什么不足？还能有什么改进？

_____

_____

_____

_____

_____

_____

2．您在什么行业？从事什么工作？需要哪些方面的图书？

_____

_____

_____

_____

3．您有无写作意向？愿意编写哪方面的图书？

_____

_____

_____

_____

4．其他：

_____

_____

_____

说明：

针对以上调查项目或投稿，可通过电子邮件直接联系：bjcwk@163.com

联系人：陈编辑

欢迎您的反馈和投稿！

电子工业出版社